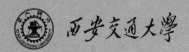
西安交通大学

专业学位研究生教育系列教材

核反应堆动力学与运行基础

赵福宇 魏新宇 编著

U0304042

西安交通大学出版社
XI'AN JIAOTONG UNIVERSITY PRESS

内容简介

本书为西安交通大学研究生院立项资助的工程硕士教材。考虑到工程硕士的特点,教材力求回避繁杂的数学推导,深入浅出地叙述物理概念。本教材从核裂变出发,叙述了反应堆的启动、运行和关闭过程,物理启动和次临界运行以及临界运行过程的动力学特性,分析叙述了各种反馈效应和各种反应性控制手段,系统地、完整地叙述了反应堆运行动态过程中的物理特性。

图书在版编目(CIP)数据

核反应堆动力学与运行基础/赵福宇,魏新宇,编著.
—西安:西安交通大学出版社,2015.8
ISBN 978 - 7 - 5605 - 7468 - 4

Ⅰ.①核… Ⅱ.①赵… ②魏… Ⅲ.①反应堆动力学-研究生-教材 Ⅳ.①TL327

中国版本图书馆 CIP 数据核字(2015)第 129196 号

书　　名	核反应堆动力学与运行基础
编　　著	赵福宇　魏新宇
责任编辑	田　华
出版发行	西安交通大学出版社
	(西安市兴庆南路 10 号　邮政编码 710049)
网　　址	http://www.xjtupress.com
电　　话	(029)82668357　82667874(发行中心)
	(029)82668315(总编办)
传　　真	(029)82668280
印　　刷	陕西时代支点印务有限公司
开　　本	727mm×960mm　1/16　印张 11.5　字数 208 千字
版次印次	2015 年 9 月第 1 版　2015 年 9 月第 1 次印刷
书　　号	ISBN 978 - 7 - 5605 - 7468 - 4/TL·11
定　　价	23.80 元

读者购书、书店添货、如发现印装质量问题,请与本社发行中心联系、调换。
订购热线:(029)82665248　(029)82665249
投稿热线:(029)82664954
读者信箱:jdlgy31@126.com

前　言

　　核能发电和核动力系统是涉及到多学科、多领域的工程系统。对于在核电站工作的人员来说,绝大多数不是从事堆芯设计和理论计算工作的,并不需要深入的理论知识;而无论从事哪一方面的工作,了解反应堆的物理特性以及运行特点却是十分必要的。从这一立场出发,本书把反应堆的启动、运行、关闭作为一个完整过程,分别讨论了各个阶段的中子动力学特性和堆芯运行特点,重在物理概念的清晰叙述,回避了繁杂的数学推导。这无疑是适合工程硕士的需求的。

　　本书第1章、第2章、第3章和第9章由赵福宇教授编写,第4章、第5章、第6章、第7章和第8章由魏新宇讲师编写,全书由赵福宇教授统稿。

　　西安交通大学出版社田华编辑为本教材的出版提供了大力的帮助,在此表示感谢!

　　由于本教材涉及到广泛的工程实际问题,加之编者水平有限,肯定存在许多不足之处,敬请读者不吝指正。

目　录

第1章　核裂变的基础知识

现阶段,世界范围内的核能利用主要还是以核裂变产生能量为主,其中利用热中子堆来产生能量又是最为主要的技术路线。在热中子堆中,能量循环的途径主要是通过核裂变产生能量,然后通过中间环节将能量转换为电能或者动力。顾名思义,热中子反应堆内的核裂变主要是由热中子引起的。本章主要阐述与核裂变有关的基本概念和中子在堆内的物理过程。

1.1　链式裂变反应

当燃料核遭受中子轰击发生裂变时,同时放出次级中子。若次级中子能再次引起燃料核裂变,又同时放出次级中子,……,只要这个过程延续着,反应堆就不断地释放出能量。通常把这一连串的裂变反应称为原子核链式裂变反应。链式裂变反应的示意图如图 1.1 所示。

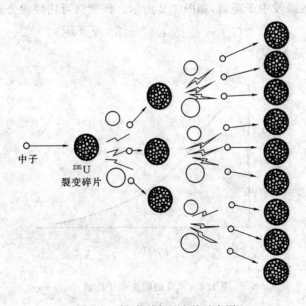

中子

^{235}U
裂变碎片

图 1.1　链式裂变反应的示意图

裂变反应过程中,一个中子使一个铀核发生裂变后又会产生 2～3 个次级中子。因此,裂变反应发生后,可以不再依靠外界补充中子,核裂变就能继续自持地裂变下去,这样的核反应称为自持链式裂变反应。

对于热中子反应堆,引起核燃料²³⁵U 裂变的主要是热中子。由于核燃料²³⁵U 的富集度比较低,所以反应堆中存在大量的²³⁸U。

1.2 裂变中子能谱与快中子能谱

裂变过程中放出的中子称为裂变中子。裂变中子 99％ 以上都是在裂变的瞬间(约 10^{-14} s)释放出来的,称为瞬发中子。不到 1％ 的中子是在裂变发生后较长时间才释放出来,称为缓发中子。

裂变发出的瞬发中子的能量是连续分布的,这个分布用函数 $\chi(E)$ 表示,称之为瞬发中子能谱。函数 $\chi(E)$ 定义为,每个瞬发中子的能量出现在 E 处的单位能量间隔内的几率。因而 $\chi(E)\mathrm{d}E$ 表示瞬发中子的能量出现在 $E+\mathrm{d}E$ 之间的几率。显然,每个瞬发中子具有任何能量的几率必等于 1,即 $\chi(E)$ 是被归一的,称为归一化条件

$$\int_0^\infty \chi(E)\mathrm{d}E = 1 \tag{1-1}$$

²³⁵U 裂变的瞬发中子能谱,如图 1.2 所示。该能谱可用经验公式来表示

$$\chi(E) = 0.453\mathrm{e}^{-1.036E}\,\mathrm{sh}\,\sqrt{2.29E} \tag{1-2}$$

式中:E 的单位是 MeV。

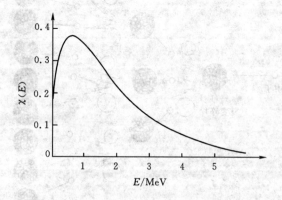

图 1.2 ²³⁵U 的瞬发中子能谱

一般认为,这个能谱与入射中子的能量无关,同时,各种可裂变核的瞬发中子能谱也都比较接近。

瞬发中子的平均能量约为

$$\overline{E} = \int_0^\infty E \chi(E) \mathrm{d}E = 1.98 \mathrm{MeV} \tag{1-3}$$

裂变中子的平均能量约为 $2\mathrm{MeV}$。这些中子在堆芯内与慢化剂原子核发生连续的散射而慢化,能量逐渐减少而进入热化区,逐渐与介质原子核达到热平衡,在介质中扩散运动,直到被吸收。

习惯上把 $E>0.1\mathrm{MeV}$ 的中子归为快中子区;$E_c<E<0.1\mathrm{MeV}$ 的中子归为慢化区,这里 E_c 称为分界能或缝合能。快中子能谱(快中子区和慢化区)有如下特点。

(1)快中子区($E>0.1\mathrm{MeV}$)。

在这个高能区内,中子从裂变产生尚未充分慢化,因而其能谱与 ^{235}U 的裂变中子谱是非常接近的,可以很好地利用裂变谱 $\chi(E)$ 来近似表示。

(2)慢化区($E_c<E<0.1\mathrm{MeV}$)。

在反应堆物理分析中,通常把某个分界能量 E_c 以下的中子称为热中子,对于压水反应堆,通常取 E_c 为 $0.625\mathrm{eV}$ 或 $1\mathrm{eV}$。

在无限介质(包括弱吸收介质)中,这一能区内中子通量密度的能谱分析近似地服从费米谱或 $1/E$ 分布,即

$$\phi(E) \propto \frac{1}{\Sigma_s E} \tag{1-4}$$

计算表明除共振区外,在很大的慢化区内,慢化能谱可以很好地用上式描述。

1.3 热中子能谱及影响因素

慢化到 $E<E_c$ 的这一能区的中子称为热中子。确切地讲,所谓热中子是指与它们所在介质的原子(或分子)处于热平衡状态中的中子。我们知道气体分子的热运动速度服从于麦克斯韦-玻尔兹曼分布,若介质是无限大、无源的,且不吸收中子,那么与介质原子处于热平衡状态的热中子,它们的速度分布也服从于麦克斯韦-玻尔兹曼分布,即

$$N(v) = 4\pi \left(\frac{m}{2\pi kT}\right)^{3/2} v^2 \mathrm{e}^{\frac{mv^2}{2kT}} \tag{1-5}$$

式中:$N(v)$ 为单位体积、单位速度间隔内的热中子数;v 为中子速度;m 为中子质量;k 为玻尔兹曼常数;T 为介质温度(K)。

与式(1-5)相应的热中子的能量分布 $N(E)$ 为

$$N(E) = \frac{2\pi}{(\pi kT)^{3/2}} e^{-E/kT} E^{1/2} \qquad (1-6)$$

式中:$N(E)$ 为单位体积、单位能量间隔内的热中子数。

在反应堆物理分析中,习惯上把式(1-6)的分布函数 $N(E)$ 叫作中子密度的麦克斯韦-玻尔兹曼分布。$N(v)$ 的分布曲线如图1-3所示。

根据 $\frac{\partial N(v)}{\partial v} = 0$,可求得热中子速度分布 $N(v)$ 的最可几速度 v_0 为

$$v_0 = \left(\frac{2kT}{m}\right)^{\frac{1}{2}} = 1.28 \times 10^4 T^{\frac{1}{2}} \text{cm/s} \qquad (1-7)$$

在室温 $T = 293.4\text{K}$ 时,$v_0 = 2200\text{m/s}$,相应的中子能量为 0.0253eV。

图1.3中还分别给出介质温度为500K和1000K时热中子密度的麦克斯韦-玻尔兹曼分布。当介质温度升高时,热中子密度的速度分布谱向中子速度增加的方向偏移,最可几速度 v_0 值增大,但具有最可几速度的中子在热中子总数中所占的份额减小。

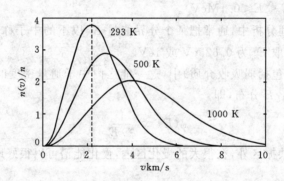

图1.3　热中子密度的麦克斯韦-玻尔兹曼分布

实际上,热中子能谱的分布形式和介质原子核的麦克斯韦的分布形式并不相同。这是因为:

①在反应堆中,所有的热中子都是从较高的能量慢化而来,尔后逐步与介质达到热平衡状态的,这样,在能量较高区域内的中子数目相对地就要多些;

②由于介质或多或少地要吸收中子,因此,必然有一部分中子尚未来得及同介质的原子(或分子)达到热平衡就已被吸收了,其结果又造成了能量较低部分的中子份额减少,能量较高部分的中子份额相对地增大。

由于这两个原因共同作用的结果,在能量较高处的中子数目相对地增大,而在能量较低处的中子数相对地有所减少,使得实际的热中子能谱与介质的麦克斯韦

谱并不相同(见图 1.4 中的曲线 1 和曲线 2),实际的热中子能谱朝能量高的方向有所偏移,即热中子的平均能量和最可几能量都要比介质原子核的平均能量和最可几能量高,通常把这一现象称之为热中子能谱的"硬化"。

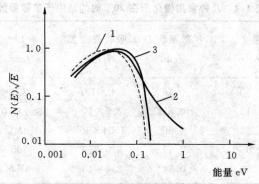

图 1.4　热中子的能谱分布
1—温度为 T_m 时介质原子核能谱(麦克斯韦谱);
2—实际的热中子谱;3—中子温度为 T_n 时的麦克斯韦谱

　　要精确地计算热中子谱是比较复杂的问题,这是因为在处理能量低于 1eV 的中子与慢化剂核的散射时,已不能再把慢化剂核看成是静止的、自由的,这时必须考虑慢化剂原子核热运动的影响、化学结合键的影响以及中子与散射波之间的干涉效应等等。但作为一种粗略的近似,可以认为,热中子能谱依然具有麦克斯韦谱的分布形式(见式(1-6)),只不过热中子的最可几能量比介质原子核的最可几能量要高。可以近似认为用某个温度 T_n 代替式(1-6)中的介质温度 T,便可得到反应堆内近似的热中子能谱为

$$N(E) = \frac{2\pi}{(\pi k T_n)^{3/2}} e^{\frac{-E}{k T_n}} E^{\frac{1}{2}} \tag{1-8}$$

　　它的分布形式如图 1.4 中的曲线 3 所示。这相当于把介质的麦克斯韦谱向右移动,近似计算用曲线 3 代替曲线 2。这里引进的待确定的量 T_n,称中子温度。由于前文已介绍的能谱硬化的原因,中子温度要比介质温度高,其偏离实际介质温度的程度跟介质对中子的慢化能力和吸收特性有关。

1.4　中子扩散及中子年龄

　　由于中子与介质核的多次碰撞,使得中子在堆内以杂乱的折线进行运动。这种运动的总趋势,是使中子从密度高的区域移动向密度低的区域,这样的过程叫"扩散"。无论对单能中子或是任何能量分布的中子都会发生扩散。

在扩散理论中有两个重要的物理参数,扩散系数 D 和扩散长度 L。它们是确定中子在介质内扩散过程的重要参数。表 1.1 给出了反应堆中常用的一些材料的热中子扩散参数数值。

表 1.1　几种常用慢化剂在 20℃ 时的热中子扩散参数

慢化剂	密度 /g·cm^{-3}	扩散系数 D /cm	吸收截面 Σ_a /cm^{-1}	L^2 /cm^2	L /cm
H_2O	1.00	0.16	0.0197	8.1	2.85
D_2O	1.10	0.87	2.9×10^{-5}	3.0×10^4	170
Be	1.85	0.50	1.04×10^{-3}	480	21
BeO	2.96	0.47	6.0×10^{-4}	790	28
石墨	1.60	0.84	2.4×10^{-4}	3500	59

为了描述中子的慢化过程,引入物理量慢化密度 $q(r,E)$,它表示在 r 处每秒每立方米内能量降到 E 以下的中子数。因为中子只在与原子核碰撞时才损失能量,而在两次碰撞之间不损失能量,所以 $q(r,E)$ 等于 r 处每秒每立方米内使中子能量降到 E 以下的总碰撞数。例如,假定在某处能量高于 1MeV 的中子每秒每立方米的总碰撞数为 10^{16},在碰撞后有一半中子降到这个能量以下,则在 1MeV 处的慢化密度为每秒每立方米 0.5×10^{16}。

引入中子年龄 $\tau(E)$

$$\tau(E)=\int_E^{E_0}\frac{D(E)}{\xi\Sigma_s(E)}\frac{\mathrm{d}E}{E} \tag{1-9}$$

式中:$D(E)$ 为扩散系数,m;ξ 为平均对数能降。$q(r,E)$ 变为 $q(r,\tau)$,当中子能量等于源能量($E=E_0$)时,$\tau=0$,随着能量的降低,τ 将逐渐增大。

设想在无限均匀非吸收介质内有一个单能快中子点源,每秒各向同性地放出 s 个中子。如果球坐标系的原点取在点源处,根据对称性可知,慢化密度的空间变量只与 r 有关,求解年龄方程且满足源条件的解是

$$q(r,\tau)=\frac{s\exp(-r^2/4\tau)}{(4\pi\tau)^{\frac{3}{2}}} \tag{1-10}$$

图 1.5(a) 给出了 $q(r,\tau)$ 与 r 的函数关系,其中 τ 为参变量,曲线为高斯分布曲线,其宽度随 τ 的增加而变宽。这种现象在物理上的解释就是较大的 τ 值对应于中子经历了较长时间的慢化,因此这些中子有机会从源扩散更远。

图 1.5(b) 给出了 $q(r,\tau)$ 与 τ 的函数关系,其中 r 为参变量。可以看出对应于最大慢化密度的 τ 值是随 r 增加的。换句话说,在源附近慢化的中子大多数具有

小的年龄,而在离源较远处,大多数中子年龄都比较大,这在物理上也是可以料到的,因为中子迁移的离源越远,越可能获得较大的年龄。

中子年龄是表征中子慢化过程的一个重要特征参数。假定慢化介质是弱吸收中子的,则有

$$\tau(E) = \int_E^{E_0} \frac{\mathrm{d}E}{3\xi(1-\overline{\mu})E\Sigma_s^2(E)} \tag{1-11}$$

通常,在慢化能区,散射截面随中子能量的变化并不剧烈,如果能用一个适当的平均值代替积分号中的 $\Sigma_s(E)$,则可以得到一个 τ 的估计值。

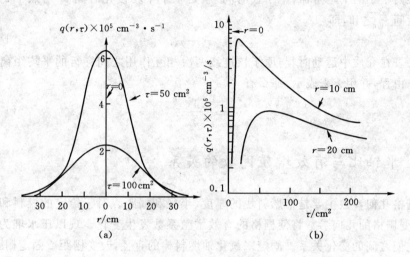

图 1.5　点源的慢化密度

1.5　中子循环

考虑热堆中自持链式裂变过程的中子循环。设在某代循环开始时,有 n 个裂变中子,它们被有效慢化以前,考虑到 ^{238}U 的快中子裂变效应,慢化到 1.1MeV 以下的快中子数目将增加到 $n\xi$ 个。这些中子继续慢化,在慢化过程中由于共振吸收而减少,因而逃脱共振吸收而慢化到热能区的中子数目为 $n\xi p$ 个。考虑到中子在慢化和扩散过程中的泄漏损失,实际上热中子数目只有 $n\xi p P_\mathrm{F} P_\mathrm{T}$ 个。显然其中被燃料所吸收的热中子数目为 $n\xi p P_\mathrm{F} P_\mathrm{T}$。其余部分的热中子被非燃料的材料吸收。被燃料吸收的热中子引起裂变而产生新一代的裂变中子数目等于 $n\xi p f \eta P_\mathrm{L}$。这样经过一代中子循环,有效增殖因数为

$$k_\mathrm{eff} = (n\xi p f \eta P_\mathrm{T})/n = \xi p f \eta P_\mathrm{L} \tag{1-12}$$

式中:$P_L = P_F P_T$。假定反应堆是无限大的,因而没有中子泄漏,则得无限介质增殖因数为

$$k_\infty = \xi p f \eta \tag{1-13}$$

上式就是热中子堆通常所称的四因子公式。

1.6 中子寿命与中子平均自由程

堆内中子的平均寿命(中子代时间)就是中子平均慢化时间 τ_s 与热中子平均扩散时间 τ_a 之和,即

$$\tau_0 = \tau_s + \tau_a \tag{1-14}$$

中子在介质中运动时,与原子核连续两次相互作用之间穿行的平均距离叫做平均自由程,并用 λ 来表示,那么有

$$\lambda = \frac{1}{\Sigma} \tag{1-15}$$

1.7 水铀比与有效增殖因数的关系

栅格几何参数主要是指燃料块的厚度、半径和栅距。对于给定的燃料和富集度,改变栅格的几何参数将使栅格的有效增殖系数发生变化。现以压水堆为例来讨论它们之间的变化关系。固定二氧化铀燃料棒的直径,改变栅距或固定栅距,改变棒径,都将改变燃料和慢化剂的体积比 V_{H_2O}/V_{UO_2}。由于水中的氢核对中子慢化起主要作用,因此还常用单位栅元体积内核子数比 N_H/N_U,或 N_{H_2O}/N_U 来代替 V_{H_2O}/V_{UO_2},其中 $N_U = N_{235} + N_{238}$。N_H/N_U 不仅是栅格几何参数的函数,而且与水和燃料的密度有关。当 V_{H_2O}/V_{UO_2} 变化时,栅格的有效增殖系数 k 将随之发生变化。一般来讲,这主要是由于共振吸收(逃脱共振俘获概率)和热中子的利用系数发生变化的缘故。

为讨论方便,不妨假设几何曲率 B^2 以及徙动面积 M^2 和 V_{H_2O}/V_{UO_2} 的变化关系不大。当 V_{H_2O}/V_{UO_2} 增加时,一方面由于栅元的慢化能力增大,慢化过程中的共振吸收减少,即逃脱共振俘获概率增加,因而,将使有效增殖系数 k 增加;然而,在另一方面,V_{H_2O}/V_{UO_2} 的增加表示栅元中慢化剂的含量增大,使热中子被慢化剂吸收的份额增加,因而,热中子利用系数下降而使 k 下降(见图 1.6(a))。在低的 N_H/N_U 值时,前一种效应是主要的,因此 V_{H_2O}/V_{UO_2} 增加使有效增殖系数 k 增加。但是当 V_{H_2O}/V_{UO_2} 增加到某个值时,由于共振吸收减少所带来的 k 的增益恰好被慢化剂中有害吸收增大所引起的 k 下降所抵消。若再进一步增加 V_{H_2O}/V_{UO_2},则

慢化剂内的热中子吸收进一步增加,将导致 k 下降。这两个效应相互作用的结果使 k 随 V_{H_2O}/V_{UO_2} 的变化如图 1.6(b)所示。即存在着一个(V_{H_2O}/V_{UO_2})比值,它使 k 达到极大值。

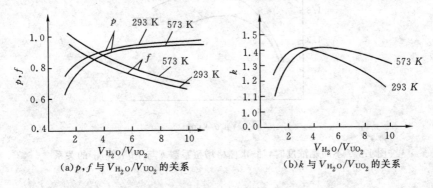

（a）p,f 与 V_{H_2O}/V_{UO_2} 的关系　　　（b）k 与 V_{H_2O}/V_{UO_2} 的关系

图 1.6　铀-水栅格增殖系数 k 与 V_{H_2O}/V_{UO_2}（N_H/N_U）的关系

　　这就是说,在给定燃料富集度和慢化剂材料的情况下,存在着使堆芯的有效增殖系数达到极大值或临界体积为极小的栅格几何参数,有时把这样的栅格叫做最佳栅格。但是,应该指出,这是从反应堆物理方面来看,而且仅仅是从有效增殖系数极大的角度来看是最佳的。在 k 的极大值左侧的栅格通常称为慢化不足(或欠慢化)栅格,在右侧的称为过分慢化栅格。从安全角度要求,实际压水反应堆的栅格的 V_{H_2O}/V_U 或 N_H/N_U 的设计和运行的值必须选在图 1.6(b)中 k 的极大值的左边,即欠慢化区。只有这样,当温度升高,水的密度下降时,N_H/N_U 减小,相当于 V_{H_2O}/V_{UO_2} 减小,k 值下降,反应堆才是安全的。至于选在 k 的极大值左边的哪一点上,需根据热工-水力、结构设计和经济性因素综合考虑来确定。目前所有的压水堆的栅格在运行条件下都是慢化不足的。这主要就是从安全角度出发的,因为慢化不足的压水堆具有负的反应性温度系数。对燃料棒直径的确定,主要是考虑其结构、力学及热工-水力等因素。

　　压水堆都采用改变溶解在水中的硼(^{10}B)酸的浓度的方法来补偿由于燃料的燃耗和裂变产物中毒所引起的反应性损失。从图 1.7 中可以看出,当硼的浓度增加时,最佳的 N_H/N_U 值变小,这是由于慢化剂中中子吸收剂(^{10}B)的存在增强了慢化剂的寄生吸收。一个慢化剂中不含硼的慢化不足的栅格,当可溶硼浓度增加时,有可能成为一个过分慢化的栅格。也就是有可能成为具有正反应性温度系数的反应堆。为避免出现这种情况,要求在最大的可溶硼浓度下,反应堆依然保持为慢化不足的栅格。

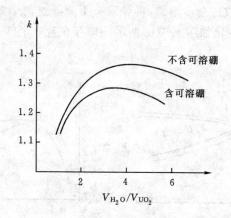

图 1.7   不同硼浓度时,铀-水栅格增殖系数 k 与 V_{H_2O}/V_{UO_2} 的关系

1.8   缓发中子

在核反应堆静态问题中,认为瞬发的裂变中子和缓发的裂变中子是没有区别的,它们共同组成了裂变中子,也就是说,缓发中子并不影响核反应堆的静态特性。然而,不到 1% 份额的,裂变后 1 秒至几分钟产生的裂变中子(缓发中子),却对核反应堆中子通量密度与时间的关系,有着重要影响。

1. 缓发中子的产生

瞬发中子是核裂变过程后的裂变产物直接发射的,没有明显的延迟(延迟小于 10^{-15} 秒)。瞬发中子是核裂变过程后的直接裂变产物立即发射的,这是因为裂变产物核的激发能 E^*,通常较中子的分离能量(中子结合能 E_{Bn})大得多。这种激发态的典型裂变时间可以是 10^{-15} 秒或更小,这个时间完全是可以忽略的。

某些裂变产物核可以通过 β 衰变成为其激发能大于中子结合能的子核,随后这样的核可以立刻发射 1 个中子,该中子的发射,已经延迟了此核经过 β 衰变时所用的相当长的时间。实际上缓发中子的整个缓发时间有两部分,即 β 衰变所用的时间和中子发射所用的时间,中子发射所用的时间很短,可以忽略不计。

由于只有产生缓发中子的母核衰变与核反应堆动力学有关,所以将产生缓发中子的那些母核定义为先驱核素。

2. 缓发中子的有效份额

每次核裂变平均产生的中子总数 ν(包括瞬发中子和缓发中子)用相应的中子产额表示

$$\nu = \nu_p + \nu_d \tag{1-16}$$

通常用缓发中子份额表示缓发中子的产生

$$\beta = \frac{\nu_d}{\nu} \tag{1-17}$$

表 1.2 给出了最重要的铀和钚同位素的缓发中子总产额。

表 1.2　缓发中子总产额(每次核裂变的缓发中子数)

裂变核素	ν_d
^{233}U	0.0070 ± 0.0004
^{235}U	0.0165 ± 0.0005
^{236}U	0.0412 ± 0.0017
^{239}Pu	0.0063 ± 0.0003
^{240}Pu	0.0088 ± 0.0006
^{241}Pu	0.0154 ± 0.0015
^{242}Pu	0.016 ± 0.0015

在大约 500 种不同裂变产物核素中，大约有 40 种是产生缓发中子的发射体。所有 40 种的先驱核素都有不同的寿期，因此，相应的中子在不同的缓发时间下产生。先驱核素寿期的不同，将使得其相应的缓发中子对随时间变化的中子通量密度的影响也是不同的。对于这个特性，用先驱核衰变缓发中子组的衰变常数来描述。表 1.3 给出了不同先驱核素衰变常数。

表 1.3　各种同位素的先驱核素衰变常数(6 缓发群)的比较(衰变常数单位:s^{-1})

缓发中子群	^{239}Pu	^{240}Pu
1	0.0129 ± 0.0002	0.0129 ± 0.0004
2	0.0311 ± 0.0005	0.0313 ± 0.0005
3	0.134 ± 0.003	0.135 ± 0.011
4	0.331 ± 0.012	0.333 ± 0.031
5	1.26 ± 0.12	1.36 ± 0.21
6	3.21 ± 0.26	4.04 ± 0.78

缓发中子群	^{235}U	^{236}U
1	0.0132 ± 0.0003	0.0127 ± 0.0002
2	0.0321 ± 0.0006	0.0317 ± 0.0008
3	0.139 ± 0.005	0.115 ± 0.003
4	0.358 ± 0.014	0.311 ± 0.008
5	1.41 ± 0.07	1.40 ± 0.081
6	4.02 ± 0.21	3.87 ± 0.37

缓发中子发射体的激发能较瞬发中子发射体的激发能小得多。瞬发中子的平均能量接近 2Mev,并且其能谱甚至延伸到超过 10Mev 处,而发射的缓发中子的平均能量要小得多,因此缓发中子的能谱较瞬发中子的能谱软。

缓发中子初始能量平均值(约为 0.4Mev),比瞬发中子的平均能量(约为 2Mev)低,因为在慢化成热中子的过程中,缓发中子不泄露几率大于瞬发中子的不泄露几率,考虑缓发中子能量效应后,把每个 β_i 都用有效额 $\beta_{\text{eff},i}$ 来代替。如果燃料是由同位素的混合物组成的,则 β_i 等于用每种同位素放出的裂变中子数权重的各裂变核的缓发中子份额平均值。例如,假定一个热中子反应堆的燃料是同位素 ^{235}U 和 ^{238}U 的混合物,从快中子增殖因数的定义可知,对热裂变放出一个中子总共有 ε 个快中子产生,因此,对每个裂变快中子有 $1/\varepsilon$ 个中子是由 ^{235}U 热裂变放出来的,有 $(1-1/\varepsilon)$ 个中子是由 ^{238}U 快裂变放出来的,于是混合物的缓发中子份额

$$\bar{\beta}_i = \beta_{i5}/\varepsilon + \beta_{i8}(\varepsilon-1)\nu_8/\varepsilon\nu_5$$

如果考虑到燃料的铀钚转化,则在权重 β_i 时还将涉及 ^{239}Pu 的热裂变。由于 ^{239}Pu 的缓发中子份额很小,$\beta_9 = 0.0021$,因此,随着压水堆燃耗的加深,^{239}Pu 逐渐积累,β 值将不断下降,从而 β_{eff} 不断减小。例如,某压水堆在运行初期 $\beta_{\text{eff}} = 0.0070$,而在运行末期,$\beta_{\text{eff}} = 0.0057$。

在热堆中,由于瞬发中子比缓发中子需要的慢化时间长,因此瞬发中子的平均快泄漏概率比缓发中子的来得大,缓发中子引起核裂变的概率要大一些。换句话说,缓发中子具有较高的价值。利用这个效应,我们可以令每组缓发中子具有不同的快中子泄漏概率 P_s^i 和逃脱共振概率 p^i 来加以考虑,即对点堆动力学方程中的参数 β_i 加以修正,有

$$\beta_{\text{eff},i} = \frac{\beta_i p^i P_s^i}{(1-\beta)pP_s + \sum_i \beta_i p^i P_s^i} \tag{1-18}$$

$$\beta_{\text{eff}} = \sum_{i=1}^{6} \beta_{\text{eff},i} \tag{1-19}$$

式中:β_{eff} 通常称为有效缓发中子份额。对于小的热堆,β_{eff} 可能比 β 大 20%~30%。而对于快堆,情况正好相反,因为缓发中子的能量通常在快裂变阈以下。

3. 缓发中子的作用

铀核裂变放出的中子,99% 以上是在裂变后 $10^{-17} \sim 10^{-14}$ s 的极短时间内发射出来的,称为瞬发中子;另外不到 1% 的中子是在裂变后大约零点几秒到几分钟之间陆续发射的。由裂变碎片在进行发射性衰变的过程中释放出来的这部分中子称为缓发中子。缓发中子占裂变中子的份额虽小,但对反应堆的控制起着重要的作用。

只有瞬发中子的情况,堆内中子的平均寿命就是瞬发中子平均寿命 l_0,它等于瞬发中子的平均慢化时间 t_s 与热中子的平均扩散时间 t_d 之和,通常 $t_s \ll t_d$(对于水堆 $t_s \approx 10^{-6}$ s,$t_d \approx 10^{-4}$ s),故 $l_0 = t_s + t_d \approx t_d$。

例如,一个以二氧化铀为燃料的压水堆,开始一直处在临界状态,阶跃改变 $k = 1.001$,$l_0 = 1.1 \times 10^{-4}$ s,在 k 跃变后第 1 秒末堆内中子密度增加的倍数为

$$n(1)/n_0 = \mathrm{e}^{\frac{k-1}{l}t} = \exp\left(\frac{1.001-1}{1.1 \times 10^{-4}} \times 1\right) \approx 8.9 \times 10^3$$

堆内中子密度增加近一万倍,如此快的增长速度,反应堆实际上是无法控制的。

如果考虑到缓发中子的存在,上述局面就会有所改变,使反应堆易于控制。不同的裂变物质,每次裂变放出的缓发中子数也不同。对于热中子裂变而言,以 ^{235}U 放出的缓发中子最多,占裂变中子的 0.65%;^{233}U 次之,占 0.26%;^{239}Pu 最少,占 0.21%,因此,用 ^{235}U 做燃料的反应堆最有利于控制;^{233}U 次之;^{239}Pu 最不利于控制。

考虑了缓发中子后,中子的每代时间就大大增长了。因为第 i 组缓发中子循环一次所需要的时间是 $t_i + t_s + t_d \approx t_i$(注意到 $t_s + t_d \approx t_d$),t_i 为第 i 组缓发中子先驱核的平均寿命,在 n 个裂变中子内第 i 组缓发中子占有 $n\beta_i$ 个,瞬发中子循环一次的时间是 l_0,在 n 个裂变中子内瞬发中子占有 $n(1-\beta)$ 个,这时,中子的每代时间 l 应该是 n 个裂变中子循环一次平均所需的时间,即

$$\bar{l} = \frac{n(1-\beta)l_0 + \sum_i n\beta_i t_i}{n} = (1-\beta)l_0 + \sum_i \beta_i t_i \approx \sum_i \beta_i t_i \ (i = 1, 2, \cdots, 6)$$

对于 ^{235}U 来说,$\sum_i \beta_i t_i = 0.0848$ s,即考虑缓发中子后中子的每代时间增长 848 倍。现在仍以 $k = 1.001$,而 $\bar{l} \approx 0.0849$ s,再看 k 跃变后第 1 秒末堆内中子密度的变化,即 $n(1)/n_0 \approx \mathrm{e}^{0.0118} \approx 1.0118$,即只增长了百分之一,这样的变化速度完全来得及控制,也是安全的。因此,反应堆控制实际上是利用了缓发中子的作用,虽然它比例很小,但在控制反应堆方面却是不可忽视的。

第 2 章　中子动力学方程

反应堆通过裂变产生持续、稳定的能量主要是由于堆内的链式反应可以持续进行,为了了解裂变链式反应的规律,必须对裂变过程中的中子动力学行为进行研究。本章从普遍的情况出发给出中子动力学方程的基本形式。首先给出中子输运方程,再给出中子扩散方程,然后推导出点堆中子动力学方程。这些方程就是研究中子动力学问题时所遵循的基本规律。

2.1 迁移方程

中子运动状态可以用确定的位置和速度来描述。中子在空间的位置可以通过向径 r 来表示。速度向量通常表示成

$$v = v\Omega \tag{2-1}$$

式中:$v = |v|$ 是速率,即速度的大小,它与中子动能 E 的关系为 $E = mv^2/2$,其中 m 为中子的质量;Ω 是运动方向的单位向量,它的模等于 1,它的方向采用极坐标系统通过极角 θ 及方位角 φ 来表示是很方便的(见图 2.1)。因而,任一时刻 t,中

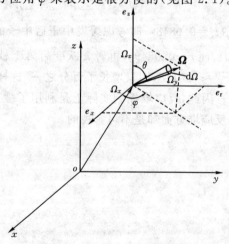

图 2.1　向量 r 和 Ω 的表示

子运动的状态由其位置矢量 $r(x,y,z)$，能量 E 和运动的方向 $\boldsymbol{\Omega}(\theta,\varphi)$ 等六个自变量来描述，对于不同的坐标系统，r 和 $\boldsymbol{\Omega}$ 的表示方式是不同的。

通常，在反应堆内中子密度比介质的原子核密度要小得多。例如，即使在 $\Phi\approx 10^{20}$ 中子/(米^2·秒)的热中子反应堆内，中子密度也不超过约 10^{17} (中子/米^3) 的数量级，而原子核的密度，例如对固体，则约为 10^{28} (核/米^3) 的数量级。因而中子在介质内的运动主要是中子和介质原子核碰撞的结果，而中子间的相互碰撞可以略去不计。由于中子运动及其与原子核的散射碰撞，原来在某一位置具有某一能量和运动方向的中子，经过一段时间将在另一位置以另一能量和运动的方向出现，这种过程叫做迁移过程。研究中子迁移过程的理论便叫做中子迁移理论。

对单个中子来讲，它是以杂乱无章的折线轨迹在介质内进行随机运动的，直到它被吸收或从反应堆表面逸出为止，这是一个随机的过程。但是，在实际上，我们感兴趣的并不是个别中子的行径或所处的地点问题，而是在空间不同点处中子密度的宏观期盼分布问题。因而可以像气体分子动力学一样，用一种处理大量中子行径的宏观理论来推导出和气体分子迁移方程相类似的中子迁移方程，或称作玻尔兹曼迁移方程。

任一刻 t 在相空间 $(r,E,\boldsymbol{\Omega})$ 上的中子平衡方程

$$
\frac{1}{v}\frac{\partial \Phi}{\partial t}+\boldsymbol{\Omega}\cdot\nabla\Phi+\Sigma_t(r,E)\Phi
$$

$$
=\int_0^\infty\int_{\Omega'}\Sigma_s(r,E')f(r,E'\to E,\boldsymbol{\Omega}'\to\boldsymbol{\Omega})\Phi(r,E'\boldsymbol{\Omega}',t)\mathrm{d}E'\mathrm{d}\boldsymbol{\Omega}' \qquad (2-2)
$$

$$
+Q_f(r,E,\boldsymbol{\Omega},t)+S(r,E,Q,t)
$$

式中：$\Phi=\Phi(r,E,\boldsymbol{\Omega},t)$。这便是非稳态情况下的中子迁移方程或玻尔兹曼迁移方程，它构成了反应堆物理分析及中子迁移理论的基础。

稳态时，$\partial n/\partial t=0$，便得到稳态中子迁移方程

$$
\boldsymbol{\Omega}\cdot\nabla\Phi+\Sigma_t(r,E)\Phi=\int_0^\infty\int_{4\pi}\Sigma_s(r,E')f(r,E'\to E,\boldsymbol{\Omega}'\to\boldsymbol{\Omega})\boldsymbol{\Omega}(r,E',\boldsymbol{\Omega}')\mathrm{d}E'\mathrm{d}\boldsymbol{\Omega}'
$$

$$
+Q_f(r,E,\boldsymbol{\Omega})+S(r,E,Q)
$$

$$
(2-3)
$$

由此可见，中子输运方程是一个线性的微分-积分方程，在一般情况下稳态时它包含有 $r(x,y,z)$，E 和 $\boldsymbol{\Omega}(\theta,\varphi)$ 六个自变量。这样方程的求解在数学上是很困难的，即使应用电子计算机数值求解仍然是非常复杂和困难的事情，并且并不是对所有复杂的问题都能求出其解的。因而，反应堆物理分析的主要任务也就在于建立一些简单的近似模型和分析方法，并把它应用于反应堆的一些具体问题进行求解。

在求解中子输运方程时，对角度变量 $\boldsymbol{\Omega}$ 所采用的近似方法中，球谐函数近似是应用最广泛和最著名的方法。它的实质是把方程中含有变量 $\boldsymbol{\Omega}$ 的一些函数，例

如,中子通量密度 $\Phi(r,E,\Omega)$ 和散射函数等,用一组正交完备的球谐函数作为展开函数展成级数取 N 阶(称为 P_N 近似)

$$\Phi(r,E,\Omega) = \sum_{n=0}^{N} \frac{2n+1}{4\pi} \sum_{m=-n}^{n} \Phi_{n,m}(r,E) Y_{n,m}(\Omega,\theta) \qquad (2-4)$$

式中:$Y_{n,m}(\theta,\varphi) \equiv Y_{n,m}(\Omega)$ 为球谐函数;$\Phi_{n,m}(r,E)$ 为一组待定函数。这样,把问题转化为求解一组待定函数的问题。可以这样来实现,把上述展开式带入到输运方程中,利用球谐函数的正交性质并用权重函数方法把原方程化为一组含有系数 $\Phi_{n,m}(r,E)$ 的微分方程组,然后,解这个方程组,由它便可以确定出级数中的每一个系数来。在球谐函数近似中,最简单和最常用的是 $N=1$ 的情况,称为 P_1 近似或扩散近似,这是反应堆物理计算,特别是大型反应堆计算的基础。

另一种常用的近似方法是把变量 Ω 直接离散的数值方法,即只对选定的若干个离散方向 Ω_m 对迁移方程求解,这时角度变量 Ω_m 在方程中仅是一个参变量。从迁移方程求出 $\Phi(r,E,\Omega_m)$ 后,关于方向 Ω 的有关积分则用数值积分来近似表示,例如

$$\int_{\Omega} \Phi(r,E,\Omega)\mathrm{d}\Omega = \sum_{n=1}^{m} \omega_m \Phi(r,E,\Omega_m) \qquad (2-5)$$

式中:ω_m 为求积系数。离散方程的数目取决于计算精度的要求。这就是所谓离散坐标方法,习惯称为"S_N"方法,这里下标 N 表示向量 Ω 在某个方向,例如 x 方向坐标轴上的离散点数目,当 N 取得较大时,例如 $N \geqslant 8$ 时,S_N 方法可以得到较高的精确度。它是目前求解中子输运方程的有效数值方法。在反应堆的屏蔽计算,中子角通量密度分布各向异性比较严重或非均匀性比较强烈等问题(例如,栅元或燃料组件)的计算中都广泛地应用 S_N 方法。

2.2 扩散方程

如果斐克定律成立,则有

$$\frac{1}{v}\frac{\partial \phi(r,t)}{\partial t} = S(r,t) + D \nabla^2 \phi(r,t) - \Sigma_a \phi(r,t) \qquad (2-6)$$

式(2-6)就是单能中子扩散方程,可以用它来近似确定在许多情况下中子通量密度的分布。

若中子通量密度不随时间变化,则方程(2-6)就可以化为

$$D \nabla^2 \phi(r) - \Sigma_a \phi(r) + S(r) = 0 \qquad (2-7)$$

上式称为稳态单能中子扩散方程。

这个方程仅适用于单能中子的情况,同时,由于它是以斐克定律为基础推导出

来的,因此,它的应用范围受到斐克定律适用条件的限制。

2.3　点堆方程

从单能中子扩散方程出发,或从中子循环的物理过程出发均能够得到

$$\frac{\mathrm{d}n}{\mathrm{d}t} = \frac{\rho - \beta}{l}n + \sum_{i=1}^{6}\lambda_i c_i + q \qquad (2-8)$$

$$\frac{\mathrm{d}c_i}{\mathrm{d}t} = \frac{\beta_i}{l}n - \lambda_i c_i, i = 1, 2, \cdots, 6 \qquad (2-9)$$

式(2-8)和式(2-9)就是与空间位置无关的点反应堆堆中子动力学方程,也就是由点堆模型导出的反应堆动态方程。

必须指出,单群近似的假设也是十分粗糙的,要考虑高于热能区的中子吸收和泄漏效应时必须进行适当的修正。此外对于点堆模型还有一个重要的限制,就是它根本不能描述与空间有关的动态效应。当反应堆偏离临界太远时,这个模型便不适用。但是点堆模型在许多情况下还是很有用的,对于堆内局部扰动不大而且反应堆接近临界状态时,由它导出的结果还是比较满意的。

2.4　倒时方程

由点堆方程可以得到倒时方程如下

$$\rho_0 = \frac{1}{T} + \sum_i \frac{\beta_i}{1 + \lambda_i T} \qquad (2-10)$$

或

$$\rho_0 = l\omega + \sum_i \frac{\beta_i \omega}{\omega + \lambda_i} \qquad (2-11)$$

式(2-10)和式(2-11)均为倒时方程的表达式。

倒时方程把反应性 ρ_0 与周期 T 联系起来了,它在反应堆动态研究中占有非常重要的地位。

如果将倒时方程(2-10)的分母消去,就得到一个 T 的七次代数方程。计算表明,对于给定的反应性 ρ_0,T 具有一个符号与 ρ_0 相同的实根及六个负根,即当 $\rho_0 > 0$ 时,T 有一个正根,其余六个均为负根;当 $\rho_0 < 0$ 时,T 的七个根全是负根;ρ 与 T 的这种多值对应关系大致如图 2-2 曲线所示,图中 l 为缓发中子每代时间,$t_1 \sim t_6$ 为各组缓发中子先驱核的平均寿命,ρ_0 最大值为 1,即

$$-\infty < \rho_0 = (k-1)/k < 1 \qquad (2-12)$$

最大正周期和最小负周期(见图 2.2 中 T_0)称为稳定周期,它在研究反应堆的

渐进特性时特别重要。

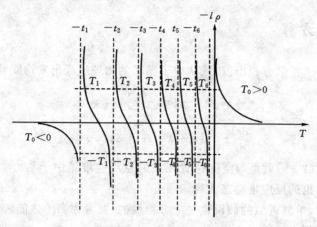

图 2.2 ρ - T 曲线示意图

由式(2-10)可得

$$\rho_0 \approx (l + \sum_i \beta_i/\lambda_i) \frac{1}{T_0} \qquad (2-13)$$

或

$$T_0 \approx \frac{1}{\rho_0}(l + \sum_i \beta_i/\lambda_i) = l'/\rho_0 \qquad (2-14)$$

这里

$$l' = l + \sum_i \beta_i/\lambda_i \qquad (2-15)$$

l' 起着有效的中子一代时间的作用,简称有效寿命。一般 l 为 10^{-6}s(快堆)至 10^{-4}s(压水堆),而 $\sum \beta_i/\lambda_i > 0.03$s,可见,当 $\rho_0 < \beta$ 时缓发中子使中子有效寿命大大增加,从而加大了反应堆周期,使反应堆易于控制。

当引入反应性很大时($\rho_0 \gg \beta$),使 $|T| \ll \min_i(t_i) = \lfloor \max_i(\lambda_i) \rfloor^{-1}$ 时,由式(2-15)得

$$\rho_0 \approx \beta + \frac{l}{T_0} \qquad (2-16)$$

或

$$T_0 \approx \frac{l}{\rho_0 - \beta} \qquad (2-17)$$

在这种情况下,反应堆的响应主要决定于瞬发中子的每代时间,缓发中子将不起作用,周期将变得非常小,反应堆处在超瞬发状态,使反应堆失控。

当 ρ_0 为很大的负反应性时,由图 2-2 可以看出,稳定周期 T_0 将接近第一组缓发中子先驱核平均寿命 $t_1 = \lambda_1^{-1} = 80.65\text{s}$,即约等于 80s,如果由于引入大的负反应性而突然停堆,则中子通量密度迅速降低,而在短时间内瞬变项衰减之后,中子通量密度将以约 80s 的周期按指数规律下降。

2.5　反应堆周期

反应堆内中子通量密度按指数规律改变 e 倍所需要的时间,称为反应堆周期,记作 T,由下式确定

$$n(t) = n_0 e^{t/T} \tag{2-18}$$

因为按式(2-17),$t+T$ 时的中子密度为

$$n(t+T) = n_0 \exp[(t+T)/T] = n(t)e \tag{2-19}$$

显然,反应堆周期可以描述堆内中子密度的变化速率。有时为实际使用方便起见,在中子通量密度按指数规律上升的反应堆里,中子通量密度增长一倍所需要的时间,称为"倍周期"或称"倍增周期",用 T_d 表示,即

$$n(T_d)/n_0 = \exp(T_d/T) = 2$$

所以

$$T_d = T\ln 2 = 0.693T \tag{2-20}$$

还常常用中子密度相对变化率的倒数,直接定义为反应堆瞬时周期,即

$$T(t) = \frac{dn(t)}{dn(t)/dt} \tag{2-21}$$

或

$$\frac{1}{T(t)} = \frac{1}{n(t)} \frac{dn(t)}{dt} = \frac{d}{dt}\ln n(t) \tag{2-22}$$

将式(2-21)积分得

$$n(t) = n_0 \exp\left[\int_0^t \frac{1}{T(t')} dt'\right] \tag{2-23}$$

有时,把式(2-21)作为 t 时刻反应堆周期的基本定义。实验测定反应堆周期的仪表,就是按照这个定义设计的,当中子密度变化按稳定周期变化时,瞬时周期就与式(2-18)确定的周期一致了,式(2-22)也称为反应堆的倒周期,即

$$\omega(t) = 1/T(t) \tag{2-24}$$

按式(2-21),T 可正可负,与 $dn(t)/dt$ 同号,中子密度增长时有正周期;反之有负周期,中子密度变化越快,T 越小;反之越大。当中子水平达到稳定时,$T \to \infty$。因式(2-21)不涉及中子变化的具体规律,故上述周期的关系式有普遍意义。

正因为反应堆周期的符号和大小可以反映堆内中子增减变化的情况,所以在

反应堆实际控制台上,都装有专用的周期指示仪。而且为了不使中子增长过快以确保核安全,特别在启堆时,必须严格限制棒的提升速度和总量,以保证不致周期过小。一般都将周期限制在 30s 以上。与此相应,对上还装有周期保护系统,当反应堆因操作失误或控制失灵而出现短周期时,周期保护系统即自动动作,强迫控制棒反插以使 k 迅速变小。如果出现更短的周期,该保护系统将使全部安全棒快速下落,实现紧急停堆。

第 3 章　核反应堆动力学基础

　　为了让反应堆产生持续稳定的能量,必须使得堆内的裂变反应维持在一定水平,反应过快,能量释放也快,就使得能量难以控制;反应过慢,又无法维持裂变持续进行。另外反应堆如何从冷态开始到持续的输出能量的整个过程,以及反应堆在运行过程中的动态过程,都涉及到堆内各种参数的变化。本章主要讨论反应堆在次临界、临界和超临界下的中子增殖特性,研究反应堆在这些工况下的动态物理特性,这对于反应堆的安全运行是至关重要的。

3.1　次临界、临界和超临界

　　设 t 时刻堆内平均中子密度为 $n(t)$,堆内有效增殖因数记为 k,经过一代增殖为 $kn(t)$,净增加 $n(t)(k-1)$,如果堆内瞬发种子的平均寿命(即平均每代时间)为 l_0,则堆内中子密度的变化率为

$$\frac{\mathrm{d}n(t)}{\mathrm{d}t} = \frac{k-1}{l_0}n(t) \tag{3-1}$$

　　如果 k 是阶跃变化,则 $t \geqslant 0$ 后 k 为常数,式(3-1)积分后得

$$n(t) = n_0 \exp(\frac{k-1}{l_0}t) \tag{3-2}$$

式中:n_0 为 $t=0$ 时的中子密度;l_0 恒正。堆内中子密度随时间的变化规律如图3.1

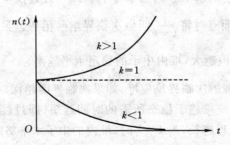

图 3.1　反应堆内中子密度随时间的变化

所示。

当 $k>1$ 时,反应堆处在超临界状态,$n(t)$ 将按指数规律随 t 增长;当 $k<1$ 时,反应堆处在次临界状态,$n(t)$ 将按指数规律衰减;$k=1$ 时,反应堆处在临界状态,中子密度达到动态平衡,保持不变。

3.2 次临界反应堆的增殖特性

当 $k<1$ 时,反应堆处于次临界状态,中子数量会越来越小。如在次临界反应堆内装入一中子源,它在单位时间内放出 S 个中子,这些中子和裂变中子一样,可以在反应堆内引起增殖,经过一代时间之后,S 个中子就变成 Sk 个中子了;同时每经过一代时间,中子源又放出 S 个中子。因此,在第一代末反应堆内将有 $(S+Sk)$ 个中子,第二代末将有 $(S+Sk+Sk^2)$ 个中子,……,第 m 代末将有 $(S+Sk+Sk^2+\cdots+Sk^m)$ 个中子。因为中子的每代时间很短,不要很长时间,就可以认为已经增殖无穷多代了。这时,反应堆内的中子总数将是

$$N = S + Sk + Sk^2 + \cdots \tag{3-3}$$

上式是一个以 k 为公比的无穷等比级数。由于次临界装置的 $k<1$,因而这个级数是收敛的。根据数学中求无穷递降等比级数和的公式可得

$$N = \frac{S}{1-k} \tag{3-4}$$

上式称为"次临界公式",它在临界的测定中起着重要作用。分析次临界公式可得以下几点结论。

①$S=0$ 时,$N=0$。这就是说,对于没有外中子源的次临界反应堆,无论其初始条件如何,堆内的中子数最后必然趋于零。

②$S\neq0$ 时,$\frac{N}{S}=\frac{1}{1-k}$。这就是说,当次临界反应堆内存在外中子源时,堆内的中子数将趋于一个稳定的水平。相当于外中子源 S 经过反应堆的增殖后,中子数将增加到 $\frac{1}{1-k}$ 倍。因而有时将 $\frac{1}{1-k}$ 叫做次临界增殖倍数。显然,次临界度越浅,k 越接近于 1,$\frac{1}{1-k}$ 的数值越大,堆内中子的稳定水平越高。

③对于有外中子源的次临界反应堆,如果次临界度越深(k 越小),则无穷级数式(3-3)收敛越快,反应堆趋于稳态所需的时间越短,即过渡过程越短。反之,次临界度越浅,则过渡过程越长,当 $k\rightarrow1$ 时,堆内的中子水平将随时间线性增加。

④如果将次临界公式写成倒数形式,则有

$$\frac{1}{N} = \frac{1}{S}(1-k) \tag{3-5}$$

上式表明,在有外中子源的次临界反应堆内,稳定中子数的倒数 $\dfrac{1}{N}$ 与有效增殖系数 k 呈线性关系,因此在直角坐标中其图像是一条直线,如图 3.2 所示。将该直线外推到与横轴相交,则交点就是"临界点"。因为 $\dfrac{1}{N} \to 0$ 时,$k \to 1$。

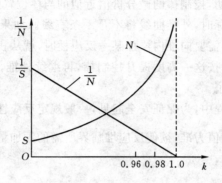

图 3.2　次临界曲线

1. 外推临界法

对于动力堆运行来说,反应堆由次临界向临界过渡,都是由提升控制棒向堆中引入正反应性来实现的。解决这个问题的主要方法就是"外推临界法"。根据次临界公式,在提棒使反应堆趋近临界的过程中,任取两个次临界状态,用探测器分别测出两次的中子计数,在直角坐标中以中子计数的倒数 $\dfrac{1}{N}$ 作纵轴,用控制棒的棒位高度作横轴,根据两个次临界状态下的对应数值可描出两点,连成直线后外推到与横轴相交,则交点对应的横坐标就是"临界点"。如图 3.3 所示,这种测定临界的方

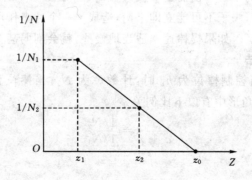

图 3.3　外推临界法

法叫做"外推临界法"。

外推临界法是物理实验中进行反应堆临界测定的基本方法,在实际应用中应特别注意以下三点。

①上面假定了棒位置(棒高度)与引入的反应性成正比关系,这个假定是不真实的。理论和实验表明,控制棒的微分价值近似的与棒位置的正弦平方成正比,因此以棒位置作为横坐标时,外推曲线将不是一条直线。如果不用棒位置而用棒的积分价值作横坐标,当需要向堆内添加某一反应性时,就从积分价值曲线查出控制棒应提升的高度,然后按这一高度提升控制棒,再继续外推,这样作出的外推曲线就基本上是一条直线了。

②在外推临界过程中,为保证安全起见,一般规定反应性添加量为当时最大添加量(以当时外推临界值为准,欲使反应堆临界所需的添加量)的 $\frac{1}{3} \sim \frac{1}{2}$,这就是所谓($\frac{1}{3} \sim \frac{1}{2}$)法则。

③在提棒外推临界的过程中,运行人员一定要密切注意控制屏上的功率表和周期表指示,以判断反应堆是否已经达到临界。一般情况下,次临界状态下的提棒与周期关系是,提棒时,周期为正,功率指数上升;停止提棒时,周期为∞,功率上升停止。而当反应堆在临界附近时提棒与周期关系是,提棒时,功率指数上升,周期越来越短;停止提棒时,功率仍以一定的稳定周期指数上升,此时反插控制棒,功率又指数下降,这说明临界点就在附近了。

在实际启动运行中,有时会出现这种情况,刚开堆以断续的提棒方式提升控制棒时,会出现提棒时周期为正,停止提棒后功率仍以较长的周期(如 100s 左右)上升,此时反应堆仍是次临界状态。但为什么停止提棒后会出现上升的周期呢?原因是次临界状态下的中子平衡需要一段过渡时间,如图 3.4 所示。由于提棒速率过快,在每次提棒后,中子不可能立即平衡,造成了一个冲击作用,故把此时出现的周期称为"冲击周期"。如果提棒速率适当地慢些,就会削弱甚至消除冲击作用。

2. 相似三角形法

在图 3.5 中,当控制棒位为 h_1 时,计数率为 N_1;当棒位为 h_2 时,计数率为 N_2。在两个相似三角形中有以下比例关系

$$\frac{x}{a+x} = \frac{1/N_2}{1/N_1} \tag{3-6}$$

所以

$$x = a \cdot \frac{N_1}{N_2 - N_1} \tag{3-7}$$

这样欲求的临界棒位为

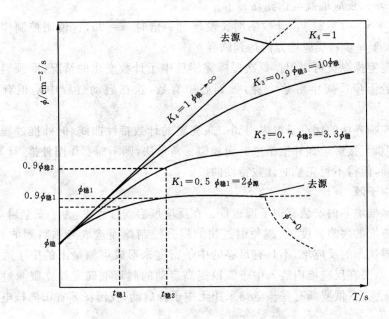

图 3.4　次临界状态的中子平衡过程

$$h_c = h_2 + a \cdot \frac{N_1}{N_2 - N_1} \tag{3-8}$$

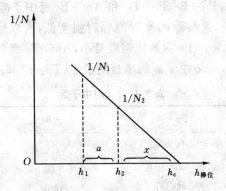

图 3.5　相似三角形法

分析讨论如下。

①当 $N_2 = 2N_1$，计数率翻一番情况时，$x = a$，这意味着控制棒再提 a 步，反应堆即可达到临界了。

②当 $N_2 = 3N_1$，计数率增长超过一倍时，$x = a/2$，这意味着控制棒再提 $a/2$ 步

（小于 a 步），反应堆就可达到临界了。

③当 $N_2=(3/2)N_1$，计数率增长没超过一倍时，$x=2a$，这说明控制棒需再提 $2a$ 步（大于 a 步），反应堆方能达到临界。

控制室操纵员可以根据每次提棒完毕后中子计数变化的情况，而预料到控制棒再提若干步反应堆可达临界，做到心中有数，这在启动过程中是很有实际意义的。

外推临界法的优点是可以得到一条完整的计数特性曲线，但外推过程中容易出现误差，直接影响到外推结果。而相似三角形法，则不需要作图外推，计算简单，结果准确，但得不到完整的计数特性曲线。

3. 中子源

压水堆堆芯内安装有中子源组件。在反应堆启动过程中，为了安全启动，必须掌握反应堆的次临界度，以避免因过快的提升控制棒而造成未预料到的超临界。而次临界状态的反应堆，不具有足够的中子密度来形成可测量出的中子通量密度水平，所以要在反应堆内装入中子源以提高启动的测量准确度和克服测量上的盲区来保证安全（俄罗斯有些核电站采用无中子源启动，我国江苏省田湾核电站为一例）。

反应堆堆芯内装有初级中子源和次级中子源两种放射性同位素中子源。

（1）初级中子源

首次装料，启动时需要装入的中子源称为初级中子源。过去常用以铍（Be）作为"靶核"的中子源，如 Pu – Be，Po – Be 和 Am – Be 等中子源。它们的共同特点是 (α,n) 核反应产生中子，这些源的 γ 射线辐射强度低，所以操作和屏蔽是简单的。从表 3.1 中可以看出，Pu – Be 源的比强度最小，Am – Be 源的次之，Po – Be 源的最大。值得注意的是 Po – Be 中子源的半衰期较短（$T_{1/2}=138.4\text{d}$）。

表 3.1 (α,n) 中子源

	Po – Be	Pu – Be	Am – Be
产额/n・(s・Bq)$^{-1}$	0.068	0.046	0.059
发射体重量/g・Bq^{-1}	0.61×10^{-11}	4.7×10^{-7}	0.081×10^{-7}
半衰期	138.4d	24360a	453a
发热率/W・Bq^{-1}	8.65×10^{-10}	8.38×10^{-10}	8.92×10^{-10}
约计体积/ml・Bq^{-1}	0.27×10^{-8}	3.24×10^{-7}	0.81×10^{-7}
最大源强/Bq	3.7×10^{9}	3.7×10^{8}	1.85×10^{8}
γ 能量/MeV	0.8，4.43	4.43	0.06，4.43

现在很多压水堆电厂采用^{252}Cf(锎)自发裂变中子源作为初级中子源。这是利用很多重核能产生自发裂变而放出中子的性质。但一般的自发裂变概率较小,而比较适宜的是^{252}Cf。在高中子通量密度[约10^{14} n/(cm^2 · s)]反应堆内照射钚 Pu 或超 Pu 核素可以产生^{252}Cf,表 3.2 列出了^{252}Cf 的主要性质。它既能衰变发射 α 粒子,又能自发裂变产生中子。其中子的比发射率非常高,因而这种源极其致密小巧,其中子能谱近似于裂变中子谱。

表 3.2 ^{252}Cf 的性质

中子发射率	2.34×10^{12} n · (s · g)$^{-1}$,1.19×10^2 n(s · Bq)
每次裂变发出的平均中子数	3.76
中子平均能量	2.35MeV
源盒体积	<1ml
有效半衰期	2.65a
α 衰变的半衰期	2.73a
自发裂变的半衰期	85.5a
α 粒子的平均能量	6.12MeV
总发热量	38.5W/g

(2)次级中子源

最常用的为光中子源^{124}Sb – Be 源,^{124}Sb 是由天然锑(57.2%^{121}Sb,42.8%^{123}Sb)经中子照射后产生的。核反应式为^{123}Sb$(n,\gamma)^{124}$Sb。^{123}Sb 的热中子俘获截面为$60.9×10^{-19}$ cm^2。^{124}Sb 的半衰期为 60.9d。衰变过程中它能发出几种 γ 射线,其中能量为 1.692MeV 的占 48%。应该指出,这种光中子源要求 γ 射线的能量必须大于 1.67MeV 才引起 Be 的(γ,n)核反应,又因为^{124}Sb 的半衰期短,为了维持源强,必须经常对之进行重复照射。对压水堆电厂,在开始它就已安装在堆芯里了。

3.3   次临界反应堆的动力学特性

设反应堆处在某一停堆深度上,$\rho = \rho_0 < 0$,且为常数,堆内有一强度不变的外加中子源,单位体积内每秒均匀放出 q_0 个中子,利用点堆动态方程来讨论反应堆中子密度的变化情况。

点堆动态方程如下

$$\frac{\mathrm{d}n}{\mathrm{d}t} = \frac{\rho_0 - \beta}{l}n + \sum_i \lambda_i C_i + q_0 \qquad (3-9)$$

$$\frac{\mathrm{d}C_i}{\mathrm{d}t} = \frac{\beta_i}{l}n - \lambda_i C_i \quad (i = 1, 2, \cdots, 6) \qquad (3-10)$$

式中：β_i, λ_i 及 l 均为已知常数。反应堆的温度、中毒等效应可以忽略不计。将式 (3-10) 对 i 求和,再和式 (3-9) 相加,得

$$\frac{\mathrm{d}}{\mathrm{d}t}(n + \sum_i C_i) = \frac{\rho_0}{l}n + q_0 \qquad (3-11)$$

因此,平衡态时反应堆的稳定中子密度为

$$n_s = -\frac{q_0 l}{\rho_0} \qquad (3-12)$$

稳态时,由式 (3-10) 得

$$C_i = \frac{\beta_i n}{\lambda_i l} \qquad (3-13)$$

式 (3-12) 表示次临界堆平衡态时的中子密度,它所对应的堆功率为

$$P_s = SE_f/v = 1.3 \times 10^{-11} S(\mathrm{W}) \qquad (3-14)$$

式中：$E_f = 200\mathrm{MeV}, v = 2.43$ 为 $^{235}\mathrm{U}$ 每次裂变的中子产额。设堆芯体积为 V,则堆芯每秒产生的中子数为

$$S = nV/l = q_0 V/|\rho_0| = S_0/|\rho_0| (\mathrm{s}^{-1}) \qquad (3-15)$$

由于反应堆处在次临界态 $\rho_0 < 0$,且 q_0, l 皆为正常数,由式 (3-14) 可见 $P_s > 0$ 是合理的。结果表明,有外加中子源的次临界反应堆,可以存在一个稳定态,其稳态中子密度由式 (3-12) 决定,堆功率由式 (3-14) 决定。由此可见,稳态中子密度与停堆深度有关,停堆深度越浅,即 $|\rho_0|$ 越小,则 P_s 越大,反之越小。

上述结果可以从物理上得到解释。因为 $\rho_0 = (k-1)/k, l_0 = kl$,式 (4-9) 可写成为

$$n_s = \frac{q_0 l_0}{1-k} \qquad (3-16)$$

因 $k < 1$,上式可用级数表示为

$$n_s = q_0 l_0 (1 + k + k^2 + \cdots) \qquad (3-17)$$

设在第一代寿期末时,堆内单位体积中有 $q_0 l_0$ 个中子,到第二代寿期末应增加了 $kq_0 l_0$ 个,再加上 l_0 内源中子的贡献,堆内单位体积内的中子数共有 $q_0 l_0 + kq_0 l_0 = q_0 l_0 (1+k)$ 个;到第三代末相应的中子数为 $q_0 l_0 (1 + k + k^2)$ 个,按此规律,中子密度不断增加,在许多个寿期以后即有式 (3-17)。因为 $k < 1$,故该级数收敛到式 (3-16) 所表示的稳定值。这种解释可用图 3.6 的曲线来表示。

图中纵坐标为中子密度的相对值 $n_0/q_0 l_0$,横坐标为以平均寿期 l_0 为单位的时

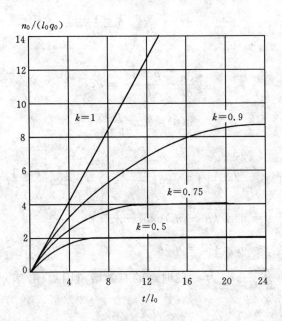

图 3.6 有外加中子源时次临界堆内中子相对水平的变化

间,稳定值可由式(3-16)得到,不同曲线与不同 k 值对应。从图可见, k 较小时达到稳定所需时间较短,稳定值较小;当 $k \to 1(\rho_0 \to 0)$ 时,达到稳定的时间趋向∞,稳定值也趋向∞。

从式(3-11)可知,有外中子源时,临界态的中子密度是不可能达到稳定的。因为当 $\rho_0 = 0$ 而 $q \neq 0$ 时,式(3-11)变成

$$\frac{\mathrm{d}}{\mathrm{d}t}\left(n + \sum_{i=1}^{6} C_i\right) = \frac{\rho_0}{l}n + q_0 \tag{3-18}$$

若要达到稳定,即 $\mathrm{d}n/\mathrm{d}t = \mathrm{d}(\sum_{i=1}^{6} C_i)/\mathrm{d}t = 0$,则 q_0 必须为零,这与前提矛盾。换言之,当外中子源不能忽略时,要使反应堆有稳定的中子水平,就不能使它处在临界状态,但当堆内中子水平很高时,如反应堆在功率区运行时,中子源影响可以忽略不计,稳定态即与临界态对应。

从动态来看,在有外加中子源的反应堆中,当以阶跃方式减小反应堆的次临界度时,即每次以阶跃方式增加较小的反应性,堆内中子密度有一增殖过程,通常反应堆在启动中每次引入的反应性量都比较小,所以中子增殖并不激烈。为数学处理方便,作为一种近似处理,设 $\mathrm{d}C_i/\mathrm{d}t = 0$,可得到 $\sum_i \lambda_i C_i = \frac{\beta}{l}n$,代入式(3-9)后有

$$\frac{\mathrm{d}n}{\mathrm{d}t} = \frac{\rho_0}{l}n + q_0 = \frac{k-1}{l_0}n + q_0$$

即

$$\frac{\mathrm{d}n}{\mathrm{d}t} - \frac{k-1}{l_0}n = q_0$$

初值

$$n(0) = n_0 = \frac{q_0 l_0}{1-k_0}$$

其解

$$
\begin{aligned}
n(t) &= \frac{q_0 l_0}{1-k_0}\Big[1 - \exp\Big(\frac{k-1}{l_0}t\Big)\Big] + n_0 \exp\Big(\frac{k-1}{l_0}t\Big) \\
&= n_{\mathrm{s}} + (n_0 - n_{\mathrm{s}})\exp\Big(\frac{k-1}{l_0}t\Big) \\
&\approx n_{\mathrm{s}} + (n_0 - n_{\mathrm{s}})k^{t/l_0}
\end{aligned}
\tag{3-19}
$$

式中：$n_{\mathrm{s}} = n(\infty) = \dfrac{q_0 l_0}{1-k_0}$；$k_0$ 为 t_0 前时刻的有效增殖因数；n_{s} 表示对应 k_0 值的稳定中子密度。

现考虑次临界堆内中子密度达到近似稳定所需时间。设对应某一次临界堆的真正稳定中子密度为 n，近似稳定值为 $n(t_{\mathrm{s}})$，t_{s} 为对应近似稳定值所需时间，由式 (3-19) 可令

$$n(t_{\mathrm{s}}) = n_{\mathrm{s}} + (n_0 - n_{\mathrm{s}})\exp\Big(\frac{k-1}{l_0}t_{\mathrm{s}}\Big)$$

或

$$\exp\Big(\frac{k-1}{l_0}t_{\mathrm{s}}\Big) = (n_{\mathrm{s}} - n_0)/[n_{\mathrm{s}} - n(t_{\mathrm{s}})]$$

将上式等号两端取对数后整理可得

$$t_{\mathrm{s}} = \frac{l_0}{1-k}\ln\Big[\frac{n_{\mathrm{s}} - n_0}{n_{\mathrm{s}} - n(t_{\mathrm{s}})}\Big] \tag{3-20}$$

应当注意，当反应堆的次临界度与缓发中子份额之间达到可比拟的程度时，必须考虑缓发中子的作用。中子平均寿期 l_0 必须考虑缓发时间，取 $\bar{l}$ 代替 l_0。

例如，某压水堆 $k_0 = 0.98$，阶跃引入 $\delta k = 0.01$，中子源密度为 $n_q = l_0 q_0$，$n(t_{\mathrm{s}}) = 99\% n_{\mathrm{s}}$ 值所需时间 t_{s} 为

$$n_0 = \frac{q_0 l_0}{1-k_0} = \frac{n_q}{1-k_0} = \frac{n_q}{1-0.98} = 50 n_q$$

$$n_{\mathrm{s}} = \frac{n_q}{1-k} = \frac{n_q}{1-0.99} = 100 n_q$$

$$t_{\mathrm{s}} = \frac{\bar{l}}{1-k}\ln\Big[\frac{n_{\mathrm{s}} - n_0}{n_{\mathrm{s}} - n(t_{\mathrm{s}})}\Big] = \frac{0.1}{0.01}\ln\frac{100-50}{100-99} \approx 39\mathrm{s}$$

在次临界下,只要有一个反应性变化,就会产生正的或负的反应堆周期,提升控制棒产生一个正周期,下插控制棒时,产生一个负周期,可以看到周期表相应的做正的或负的摆动。在停止提棒或抽棒时,则周期表很快回到 $\pm\infty$,中子密度指示趋向某一稳定值 $n_{\mathrm{s}} = \dfrac{q_0 l_0}{1-k}$。

3.4　临界反应堆的动力学特性

由点堆方程可得到反应性方程

$$\rho = \frac{l\omega}{1+l\omega} + \frac{1}{1+l\omega}\sum_{i=1}^{6}\frac{\beta_i\omega}{\omega+\lambda_i} \qquad (3-21)$$

反应性方程给出了参数 ω 和反应堆特性参数 ρ, l, β_i 及 λ_i 之间的关系。这是一个关于 ω 的七次代数方程,可确定出 7 个可能的 ω 值。利用图解法可得如下结果

$$
\begin{aligned}
n(t) &= n_0(A_1\mathrm{e}^{\omega_1 t} + A_2\mathrm{e}^{\omega_2 t} + \cdots + A_7\mathrm{e}^{\omega_7 t}) \\
&= n_0\sum_{j=1}^{7}A_j\mathrm{e}^{\omega_j t} (j=1,2,\cdots,7)
\end{aligned}
\qquad (3-22)
$$

式中:$t=0$ 时,中子密度为常数 n_0;$\omega_1,\cdots,\omega_7$ 是方程的 7 个根;$A_1,\cdots,A_7$ 为 7 个待定常数。分析两种情况可得:

① $\rho>0$,ω_1 为正,$\omega_2,\cdots,\omega_7$ 为负;

② $\rho<0$,ω_1 为负,$\omega_2,\cdots,\omega_7$ 为负。

ω_1 项为主要项,即稳定项;$\omega_2,\cdots,\omega_7$ 为瞬变项,即衰减项,这 6 项很快就衰减掉了。最后就得出一个简单的指数函数

$$n(t) = n_0\mathrm{e}^{\omega_1 t} \qquad (3-23)$$

所以,$\rho>0$,反应堆处在超临界状态,堆内中子密度随时间指数增长;$\rho<0$,反应堆处在次临界状态,堆内中子密度随时间指数衰减。这是核电厂运行中一个很有实用价值的方程。

等效单组缓发中子的反应性方程为

$$\rho_0 = \frac{l}{T} + \frac{\beta}{1+\lambda T} = l\omega + \frac{\beta\omega}{\omega+\lambda} \qquad (3-24)$$

或

$$l\omega^2 + (\beta - \rho_0 + \lambda l)\omega - \lambda\rho_0 = 0 \qquad (3-25)$$

对于单组缓发中子情况,阶跃扰动时,点堆动态学方程的解可大大简化,此时,根据方程(3-22)可得

$$n(t) = n_0\rho_0\sum_{j=1}^{2}A_j\mathrm{e}^{\omega_j t} \qquad (3-26)$$

式中：$A_j = \left\{ \omega_j \left[1 + \dfrac{\beta\lambda}{(\omega_j + \lambda)^2} \right] \right\}^{-1}$。

当 $|\rho_0|$ 足够小，$\lambda t \ll \beta - \rho_0$ 时，式(4-21)的根等于

$$\omega = \frac{-(\beta - \rho_0 - \lambda t) \pm [(\beta - \rho_0 + \lambda l)^2 + 4\lambda\rho_0 l]^{1/2}}{2l}$$

$$\approx \frac{-(\beta - \rho_0) \pm (\beta - \rho_0)\left[1 + \dfrac{4\lambda\rho_0 l}{(\beta - \rho_0)^2}\right]^{1/2}}{2l}$$

$$\approx \frac{-(\beta - \rho_0) \pm (\beta - \rho_0)\left[1 + \dfrac{2\lambda\rho_0 l}{(\beta - \rho_0)^2}\right]}{2l} \tag{3-27}$$

取"+"号时，得

$$\omega_1 \approx \frac{\lambda\rho_0}{\beta - \rho_0}, \quad T_1 \approx \frac{\beta - \rho_0}{\lambda\rho_0} \tag{3-28}$$

取"-"号时，得

$$\omega_2 \approx \frac{\beta - \rho_0}{l}, \quad T_2 \approx \frac{-l}{\beta - \rho_0} \tag{3-29}$$

$$A_1 = \left\{ \omega_1 \left[l + \frac{\beta\lambda}{(\omega_1 + \lambda)^2} \right] \right\}^{-1}$$

$$= \left\{ \left(\frac{\lambda\rho_0}{\beta - \rho_0}\right)\left[l + \frac{\beta\lambda(\beta - \rho_0)^2}{(\lambda\rho_0 + \lambda(\beta - \rho_0)^2)} \right] \right\}^{-1}$$

$$\approx \left[\frac{\rho_0(\beta - \rho_0)}{\beta} \right]^{-1}$$

$$= \frac{\beta}{\rho_0(\beta - \rho_0)} \tag{3-30}$$

$$A_2 = \left\{ \omega_2 \left[l + \frac{\beta\lambda}{(\omega_2 + \lambda)^2} \right] \right\}^{-1}$$

$$= \left\{ -\left(\frac{\beta - \rho_0}{l}\right)\left[l + \frac{\lambda\beta l^2}{(\lambda l - (\beta - \rho_0))^2} \right] \right\}^{-1}$$

$$\approx -\frac{1}{\beta - \rho_0} \tag{3-31}$$

将 ω_j, A_j 代入式(3-26)得

$$n(t) \approx \frac{n_0}{\beta - \rho_0}\left[\beta\exp\left(\frac{\lambda\rho_0 t}{\beta - \rho_0}\right) - \rho_0\exp\left(-\frac{\beta - \rho_0}{l}t\right) \right] \tag{3-32}$$

当阶跃引入小反应性时，式(3-32)是求 $n(t)$ 的近似式。

例如，引入阶跃正反应性，设 $\rho_0 \approx 0.001$，由式(3-32)得

$$\frac{n(t)}{n_0} = 1.18\mathrm{e}^{t/71.4} - 0.18\mathrm{e}^{-t/0.02}$$

$$\rightarrow 1.18 \mathrm{e}^{t/71.4} \qquad (当\ t > 0.1\mathrm{s}\ 时)$$

相对中子密度随时间增长的曲线如图 3.7 所示,从图中可以看出:

① $n(t)/n_0$ 由两项之差组成,其中第二项为瞬变项,它随时间衰减很快,当 $t = 5|T_2| = 0.1\mathrm{s}$ 后就不起作用了;

② 瞬变项消失以后,中子密度随时间按指数规律缓慢增长,其稳定周期 $T_1 = 71.4\mathrm{s}$。例如,引入阶跃负反应性,设 $\rho = -0.001$,由式(3-26)得

$$\frac{n(t)}{n_0} = 0.87\mathrm{e}^{-t/97.4} + 0.13\mathrm{e}^{-t/0.01}$$

$$\rightarrow 0.87\mathrm{e}^{-t/97.4}$$

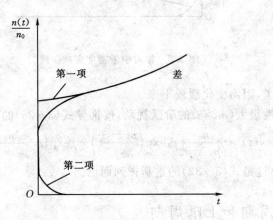

图 3.7 相对中子密度增长曲线

相对中子密度随时间变化曲线,如图 3.8 所示,从图中可看出:

① $n(t)/n_0$ 由两项之和组成,其中第二项为瞬变项,它随时间衰减很快,当 $t = 5|T_2| = 0.05\mathrm{s}$ 后就不起作用了;

② 瞬变项消失以后,中子密度随时间按指数规律缓慢衰减,其稳定周期 $T_1 = 97.4\mathrm{s}$。

综合以上讨论可以看出,无论引入的反应性是正或负,中子密度的变化一开始都很迅速,这种变化很接近所有中子都是瞬发的情况。然而在很短时间以后,缓发中子的效应开始出现,中子密度的变化就慢很多了。这是因为在任一时刻对链式反应发生作用的缓发中子,都正比于某一时刻以前的中子通量密度,而同一时刻由裂变产生的缓发中子先驱核的数目,即此时延迟未发的缓发中子数,则正比于这一时刻的中子通量密度。因此在反应性扰动引入的瞬间,中子密度的变化主要依靠瞬发中子,好像缓发中子不起作用一样,所以变化率很快,随着瞬变项的消失,扰动后被延迟的缓发中子陆续发出,对中子密度的变化发生影响,由于裂变中子的平均

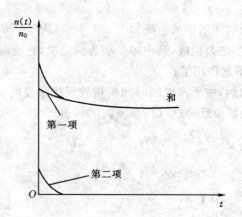

图 3.8　相对中子密度衰减曲线

每代时间加长了,因而变化缓慢下来。

对于反应性很大($\rho_0 > \beta$)的阶跃扰动,按推导式(3-26)的同样步骤可以求得

$$n(t) \approx \frac{n_0}{\rho_0 - \beta}\left[\rho_0 \exp\left(\frac{\rho_0 - \beta}{l}t\right) - \beta\exp\left(-\frac{\lambda\rho_0}{\rho_0 - \beta}\right)t\right]$$

显然,此式只不过是式(3-32)的重新排列而已。

3.5　下限周期和上限周期

反应堆在很大次临界度时有着一个下限周期,在很大超临界时有着一个上限周期,上限周期和中子寿期 l 有关;在很大次临界度时必定有一个和反应性引入速度有关的最小周期。

可以写出大家熟悉的反应堆动态方程

$$\frac{dn}{dt} = \frac{\delta k - \beta}{l}n + \sum_{i=1}^{6}\lambda_i c_i + s \tag{3-33}$$

注意到方程右面最后两项是正的,那么

$$\frac{dn}{dt} > \frac{\delta k - \beta}{l}n \tag{3-34}$$

因为周期是定义为

$$P = \frac{n}{dn/dt} \tag{3-35}$$

这样

$$P < \frac{l}{\delta k - \beta} \tag{3-36}$$

这是对 $\delta k \geqslant \beta$ 来说,对于 $\delta k < \beta$ 不等式(3-36)无意义,然而当反应堆高于瞬时临界时,不等式建立了一个真正的周期上限。那么我们已经有了一个反应堆所能有的周期最大极限,也就是在高于临界的某范围内周期不可能大于某特定的值。

在次临界范围内的周期下限也同样可以建立起来,从次临界增殖公式

$$P = \frac{-\delta k}{\mathrm{d}(\delta k)/\mathrm{d}t}$$

可以看到,这个下限和反应性的变化速度有关,把反应性变化速度用符号 γ 来表示,其单位为,$\delta k/$ 秒。则

$$P = \frac{-\delta k}{\gamma} \tag{3-37}$$

作为次临界的关系。

对于次临界很深的反应堆公式(3-37)是正确的,但当反应堆趋近于临界时,这公式就不正确了。这是因为这个公式假定了所有中子都是瞬发中子,在启动过程中渐渐接近于临界状态时,延发中子变得愈来愈重要,因为中子水平的变化速度变得和延发中子发射时间相接近。从控制的观点可以直接看出,延发中子的作用是使中子水平变化缓慢,这样增加了反应堆周期,所以式(3-37)代表了一个直观的下限,现用严格的分析来证明。

为了简单起见,把缓发中子看成是一组,那么堆的动态方程为

$$\frac{\mathrm{d}n}{\mathrm{d}t} = \frac{\delta k - \beta}{l}n + \lambda c + s \tag{3-38}$$

$$\frac{\mathrm{d}c}{\mathrm{d}t} = \frac{\beta}{l}n - \lambda c \tag{3-39}$$

对于次临界情况反应堆最后必须达到某种平衡状态,这平衡状态可以定义为缓发中子先驱核温度 $c(t)$ 是常数的时候,这里中子损失的速度和产生的速度一样快,这样在平衡状态下

$$\frac{\mathrm{d}n}{\mathrm{d}t} = \frac{\delta k - \beta}{l}n + \lambda c + s = 0 \tag{3-40}$$

$$\frac{\mathrm{d}c}{\mathrm{d}t} = \frac{\beta}{l}n - \lambda c = 0 \tag{3-41}$$

把式(3-41)代入式(3-40)

$$\frac{\mathrm{d}n}{\mathrm{d}t} = \frac{\delta k}{l}n - \frac{\mathrm{d}c}{\mathrm{d}t} + s = \frac{\delta k}{l}n + s = 0 \tag{3-42}$$

或

$$n = \frac{-sl}{\delta k} \tag{3-43}$$

在平衡的状态下上式关系必须成立,而与用 1 个平均的缓发中子或 6 个单独

的缓发中子无关,假若我们现在在平衡状态中引入一个小变化 δk

$$\Delta n = n - n(0) = sl\left(\frac{1}{\delta k_0 + \Delta \delta k} - \frac{1}{\delta k_0}\right) \tag{3-44}$$

$$\Delta n = \frac{sl\,\Delta \delta k}{\delta k_0(\delta k_0 + \Delta \delta k)} \tag{3-45}$$

δk 变化 $\Delta \delta k$ 所需要的时间为

$$t = \frac{\Delta \delta k}{\gamma} \tag{3-46}$$

这里,γ 是前面所定义的反应性变化速度。假如考虑引入反应性的启动情况,中子通量的平衡值必须大于建立任何次临界 δk 的平衡状态以前的水平,那么最大可能的中子通量随时间的变化率是

$$\frac{\Delta n}{\Delta t} = \frac{sl\,\Delta \delta k}{\delta k_0(\delta k_0 + \Delta \delta k)}\frac{\gamma}{\Delta \delta k} \tag{3-47}$$

$$= \frac{sl\gamma}{\delta k_0(\delta k_0 + \Delta \delta k)} \tag{3-48}$$

如果得到下面形式的 n 对时间的微分

$$\frac{\mathrm{d}n}{\mathrm{d}t} = \lim_{t \to 0}\frac{\Delta n}{\Delta t} < \frac{sl\gamma}{(\delta k)^2} \tag{3-49}$$

周期下限变为

$$P = \frac{n}{\mathrm{d}n/\mathrm{d}t} > -\frac{sl\,(\delta k)^2}{\delta k sl\gamma} = -\frac{\delta k}{\gamma} \tag{3-50}$$

这个式子可以从直接微分式(3-43)得来,但上面的过程具有更大的确实性。

包含在启动过程中的反应堆周期上、下限已经建立了,图 3.9 表示出几种情况的上、下限,上限只随着 l 和一定时间内存在于堆中的反应性量而变,但是下限和反应性引入速度有关。图 3.9 也表示出当反应堆以 $1.2 \times 10^{-4}\,\delta k/$秒的线性速度引入到具有 $l = 10^{-4}$ 秒的反应堆时的一个可能的启动过程,在次临界很深的情况下反应堆靠近周期下限,高于瞬发临界周期很接近周期上限。

对于安全性来说,上限是个主要问题,也就是说,我们希望知道反应堆永远不能达到比某值还短的周期,但是高于瞬时临界,周期跟随着上限的伸展是如此的紧密以至这边界也可用来作为最小周期的实际数值。用了这种极限式的近似法,就可以不必再去计算在线性输入函数作用下的动态方程而直接知道启动事故的严重性和时间特性。

3.6　反应性的反馈特性

从点堆的中子动力学方程出发,可求得零功率反应堆传递函数

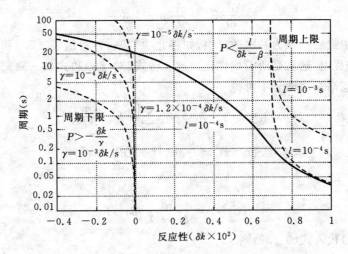

图 3.9　周期和反应性的关系,启动事故的上限和下限

$$\frac{\mathrm{d}n}{\mathrm{d}t} = \frac{\rho - \beta}{t}n + \sum_{i=1}^{6} \lambda_i C_i + q \qquad (3-51)$$

$$\frac{\mathrm{d}c_i}{\mathrm{d}t} = \frac{\beta_i}{t}n - \lambda_i C_i, \quad i = 1,2,\cdots,6 \qquad (3-52)$$

这里所说的零功率堆,是指由于功率水平比较低,温度反馈可以忽略的堆。

因为反应堆 ρ 是随时间变化的,这是一个变系数微分方程。如果进一步考虑反应性反馈效应时,则变为非线性方程。通常假定在小扰动情况下,对上述方程求解,因而可以进行线性化处理(增量法)。

若反应堆在运行时,反应性发生微小变化后,中子密度和缓发中子先驱核密度也会发生微小变化,即

$$\rho = \rho_0 + \delta\rho, n = n_0 + \delta n$$

$$C_i = C_{i0} + \delta C_i, q = q_0$$

式中:ρ_0,n_0,C_{i0},q_0 分别为各有关量的相应稳态值。

因为 $\beta = \sum\limits_{i=1}^{6}\beta_i$,由式(3-51)和式(3-52)容易求得稳态情况下

$$C_{i0} = \frac{\beta_i n_0}{\lambda_i}, q_0 = -\frac{\rho_0 n_0}{l}$$

将上述各值代入点堆中子动力学方程式后得

$$\frac{\mathrm{d}}{\mathrm{d}t}\delta n - \frac{\rho_0 - \beta}{l}\delta n + \sum_{i=1}^{6}\lambda_i \delta C_i + \frac{n_0}{l}\delta\rho + \frac{1}{l}\delta\rho\delta n \qquad (3-53)$$

$$\frac{\mathrm{d}}{\mathrm{d}t}\delta C_i = \frac{\beta_i}{l}\delta n - \lambda_i \delta C_i \qquad (3-54)$$

式(3-53)中最后一项为高次微分项,如将此项忽略,方程组(3-53)和(3-54)即变为线性方程组,这就是所谓线性化处理。将式(3-53)和式(3-54)分别进行拉氏变换,并忽略高次微分项可得

$$S\delta n(s) = \frac{\rho_0 - \beta}{l}\delta n(s) + \sum_{i=1}^{6}\lambda_i \delta C_i + \frac{n_0}{l}\delta\rho(s) \qquad (3-55)$$

$$S\delta C_i(s) = \frac{\beta_i}{l}\delta n(s) - \lambda_i \delta C_i(s) \qquad (3-56)$$

由上式得

$$\delta C_i(s) = \frac{\beta_i}{l(s+\lambda_i)}\delta n(s) \qquad (3-57)$$

将式(3-57)代入式(3-39)则

$$S\delta n(s) = \frac{\rho_0 - \beta}{l}\delta n(s) + \sum_{i=1}^{6}\frac{\beta_i}{l(s+\lambda_i)}\delta n(s) + \frac{n_0}{l}\delta\rho(s)$$

于是

$$\frac{\delta n(s)}{\delta\rho(s)} = \frac{n_0}{(ls+\beta-\rho_0-\sum\limits_{i=1}^{6}\frac{\beta_i\lambda_i}{s+\lambda_i})} \qquad (3-58)$$

因为 $\beta = \sum\limits_{i=1}^{6}\beta_i$,式(3-58) 也可以写为

$$\frac{\delta n(s)}{\delta\rho(s)} = \frac{n_0}{(l+\sum\limits_{i=1}^{6}\frac{\beta_i}{s+\lambda_i})s - \rho_0} \qquad (3-59)$$

当反应堆处于临界状态时,$\rho_0 = 0$,式(3-59)变为

$$\frac{\delta n(s)}{\delta\rho(s)} = \frac{n_0}{s(l+\sum\limits_{i=1}^{6}\frac{\beta_i}{s+\lambda_i})} = \frac{n_0}{ls}\frac{1}{(1+\frac{1}{l}\sum\limits_{i=1}^{6}\frac{\beta_i}{s+\lambda_i})} \qquad (3-60)$$

当反应堆具有 6 组缓发中子时,有

$$1+\frac{1}{l}\sum_{i=1}^{6}\frac{\beta_i}{s+\lambda_i} = 1+\frac{\beta_1/l}{s+\lambda_1}+\cdots+\frac{\beta_6/l}{s+\lambda_6}$$

$$= \frac{(s+\lambda_1)(s+\lambda_2)\cdots(s+\lambda_6)+\frac{\beta_1}{l}(s+\lambda_2)(s+\lambda_3)\cdots(s+\lambda_6)+\cdots}{(s+\lambda_1)(s+\lambda_2)(s+\lambda_3)(s+\lambda_4)(s+\lambda_5)(s+\lambda_6)}$$

$$= \frac{\prod\limits_{i=1}^{6}(s+\gamma_i)}{\prod\limits_{i=1}^{6}(s+\lambda_i)} \tag{3-61}$$

将式(3-60)代入式(3-61)得

$$\frac{\delta n(s)}{\delta \rho(s)} = \frac{n_0}{ls} \frac{\prod\limits_{i=1}^{6}(s+\gamma_i)}{\prod\limits_{i=1}^{6}(s+\lambda_i)} \tag{3-62}$$

式中：λ_i 为各组缓发中子的衰变常数；β_i 为各组缓发中子所占的份额；l 为中子寿命；特征根 γ_i 为 λ_i、β_i 和 l 所决定的常数。

采用^{235}U 热中子裂变过程中的缓发中子数据（见表 3.3），当 $l=10^{-4}$ s 时，由式(3-60)所示的传递函数的特征方程可以求得

$$s^6 + 92s^5 + 1198s^4 + 1986s^3 + 673s^2 + 49.4s + 0.58 = 0 \tag{3-63}$$

经过因式分解以后，求得 6 个根为

$$\gamma_1 = -77.6, \qquad \gamma_2 = -13.38, \qquad \gamma_3 = -1.43$$

$$\gamma_4 = -0.336, \qquad \gamma_5 = -0.0805, \qquad \gamma_6 = -0.0147$$

则式(3-62)可以写为

$$\frac{\delta n(s)}{\delta \rho(s)} = \frac{n_0}{ls} \frac{(s+14)(s+1.61)(s+0.456)(s+0.151)(s+0.0315)(s+0.0124)}{(s+77)(s+13.38)(s+1.43)(s+0.336)(s+0.0805)(s+0.0147)}$$

$$\tag{3-64}$$

按照同样的方法，可以根据各种可裂变同位素在不同裂变过程中的缓发中子常数，求得相应的零功率堆的传递函数。由于具有 6 组缓发中子的零功率堆的传递函数，应用时计算工作量较大，因此采用适当的参数权重，可以减少缓发中子的组数（也就是降低了微分方程的阶数），其中最简单的是用单组缓发中子近似的情况。

表 3.3　^{233}U、^{235}U 和 ^{239}Pu 的热中子裂变的缓发中子数据

^{233}U

组别	半衰期 /s	衰变常数 λ_i/s^{-1}	产额（每次裂变的中子数）	份额 β_i
1	55.00	0.0126	0.00057	0.000224
2	20.57	0.0337	0.00197	0.000777
3	5.00	0.139	0.00166	0.000655
4	2.13	0.325	0.00184	0.00723
5	0.615	1.13	0.00034	0.000133
6	0.277	2.50	0.00022	0.000088

总产额：0.0158

总缓发中子份(β)：0.0065

^{235}U

组别	半衰期 /s	衰变常数 $\lambda_i/\mathrm{s}^{-1}$	产额（每次裂变的中子数）	份额 β_i
1	55.72	0.0124	0.00052	0.000215
2	22.72	0.0307	0.00346	0.001424
3	6.22	0.111	0.00310	0.001274
4	2.30	0.301	0.00624	0.002568
5	0.610	1.14	0.00182	0.000748
6	0.230	3.01	0.00066	0.000273

总产额：0.0158

总缓发中子份(β)：0.0065

^{239}Pu

组别	半衰期 /s	衰变常数 $\lambda_i/\mathrm{s}^{-1}$	产额（每次裂变的中子数）	份额 β_i
1	55.72	0.0124	0.00052	0.000215
2	22.72	0.0307	0.00346	0.001424
3	6.22	0.111	0.00310	0.001274
4	2.30	0.301	0.00624	0.002568
5	0.610	1.14	0.00182	0.000748
6	0.230	3.01	0.00066	0.000273

总产额：0.061

总缓发中子分(β)：0.0021

按照上述推导步骤，同样可以导出具有单组缓发中子反应堆的传递函数为

$$\frac{\delta n(s)}{\delta \rho(s)} = \frac{n_0}{ls + \dfrac{\beta s}{s+\lambda} - \rho_0} \tag{3-65}$$

当反应堆处于临界状态时，$\rho_0 = 0$，则

$$\frac{\delta n(s)}{\delta \rho(s)} = \frac{n_0(s+\lambda)}{ls(s+\lambda+\beta/l)} \tag{3-66}$$

对于瞬跳近似情况，令 $l=0$，式(3-66)变为

$$\frac{\delta n(s)}{\delta \rho(s)} = \frac{n_0(s+\lambda)}{\beta s} \qquad (3-67)$$

应该注意,上述反应堆的各种形式的传递函数,都与稳态中子通量密度 n_0 有关。

　　反应堆的反馈作用是极为复杂的,它与反应堆的物理、热工、结构和水动力学密切相关。搞清楚反应堆的反馈机理,对于设计一个具有良好动态特性的反应堆是非常重要的。

　　图 3.10 为具有反馈的反应堆的传递函数方块图,其中 $P_0 G_R(s)$ 为零功率反应堆的传递函数,$F(s)$ 为反馈部分的传递函数。$\delta\rho_{ex}(s)$ 为外加反应性的变化,例如控制棒移动所引起的反应性变化。反应性变化 $\delta\rho_{ex}$ 之后,反应堆功率变化 δP,功率改变后,又引起燃料温度、慢化剂温度等物理参数相应变化,从而产生一个反馈反应性 δP_F,这种反应性进一步作用到反应堆上,使功率进一步变化,如此循环不已。前面我们已经讨论了零功率堆的传递函数,下面以反应堆温度反馈作为一个例子,研究反馈部分的传递函数 $F(s)$。

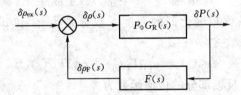

图 3.10　具有反馈的反应堆方块图

　　从物理观点看来,最简单的处理方法是用平均温度表征堆芯内不同区域的温度,如用燃料平均温度 T_F,慢化剂平均温度 T_M 等。当燃料温度改变时,产生的反应性效应相对来说是瞬发的。反应堆功率变化时,燃料温度响应延迟很小,而且在燃料温度变化与影响反应性的燃料吸收截面与裂变截面变化之间也没有明显的延迟。另一方面,由于慢化剂温度变化产生的反应性效应却有较大延迟,因为在后者温度发生变化前,热量必须从燃料传过来,而且慢化剂的热容量一般也比较大些。

　　假定在稳态条件下,堆功率(或中子通量密度)为 P_0,燃料和慢化剂温度分别为 $T_{F,0}$ 和 $T_{M,0}$,反应堆内发生小扰动以后,可以写出下列关系式

$$\frac{d\delta T_F}{dt} = a\delta P - \omega_F \delta T_F \qquad (3-68)$$

$$\frac{d\delta T_M}{dt} = b\delta T_F - \omega_M \delta T_M \qquad (3-69)$$

式中:δT_F、δT_M 和 δP 是实际的温度和功率与其相应的稳态值的偏差;ω_F 和 ω_M 分别为燃料和慢化剂温度的衰减常数;a 和 b 假定为常系数。式(3-69)表明慢化剂

温度是随燃料温度改变而改变的。将式(3-68)进行拉式变换可得

$$\delta T_F(s) = \frac{a}{s + \omega_F} \delta P(s) \qquad (3-70)$$

或

$$\frac{\delta T_F(s)}{\delta P(s)} = \frac{a}{s + \omega_F} \qquad (3-71)$$

同样,将式(3-69)进行拉氏变换可得

$$\delta T_M(s) = \frac{b}{s + \omega_M} \delta T_F(s)$$

或

$$\frac{\delta T_M(s)}{\delta T_F(s)} = \frac{b}{s + \omega_M} \qquad (3-72)$$

由式(3-71)和式(3-72)可得

$$\frac{\delta T_M(s)}{\delta P(s)} = \frac{ab}{(s + \omega_F)(s + \omega_M)} \qquad (3-73)$$

若燃料的温度系数和慢化剂的温度系数分别为 a_F 和 a_M,则总的反馈反应性为

$$\delta \rho_F(s) = a_F \delta T_F(s) + a_M \delta T_M(s) \qquad (3-74)$$

由图3.10可以看出,反馈部分的传递函数为

$$F(s) = \frac{\delta \rho_F(s)}{\delta P(s)} = a_F \frac{\delta T_F(s)}{\delta P(s)} + a_M \frac{\delta T_M(s)}{\delta P(s)} \qquad (3-75)$$

将式(3-71)和式(3-73)代入上式得

$$F(s) = \frac{\delta \rho_F(s)}{\delta P(s)} = a_F \frac{a}{s + \omega_F} + a_M \frac{ab}{(s + \omega_F)(s + \omega_M)} \qquad (3-76)$$

图3.10所示的具有反馈的反应堆传递函数为

$$\frac{\delta P(s)}{\delta \rho_{ex}(s)} = \frac{P_0 G_R(s)}{1 + P_0 G_R(s) F(s)} \qquad (3-77)$$

根据情况不同选定零功率反应堆传递函数,当反馈通道的传递函数 $F(s)$ 确定以后,由式(3-77)即可完全确定反应堆的动态特性。

第4章 反应性反馈效应

对于一座运行着的反应堆,人们总是希望它能及时地、稳定地提供所需的功率。如何达到这个目的,就取决于人们对于反应性的控制。在堆运行的过程中,反应性是随时间在不断变化的量,因此,要保证反应堆能在额定功率下运行一定的工作期,就必须储备必要的反应性,以补偿上述各种情况所引起的反应性变化。

当核电厂处在正常运行工况下,由于某种原因核电厂的运行参数,如功率、压力、温度及堆芯内空泡等发生变化时,堆芯的反应性也发生相应的变化。很难做到改变堆芯任一运行参数而不影响堆芯其他的性质。如果堆芯发生了变化,必须进行某种补偿,才能维持反应堆在相同的功率下稳定运行。这种补偿,通常可以通过控制棒的动作来实现,也可以通过改变堆芯内硼的浓度来实现。反应堆系统存在着随堆芯某一特性的变化而自动变化的固有特性。固有特性通常是用反应性系数来描写的。

本章主要讨论有关反应性及其反应性反馈系数。

4.1 反应性

1. 反应性定义
在反应堆的物理中,许多问题都是以临界态为基准的,通常用反应性 ρ 来表示系统偏离临界的程度,它定义为

$$\rho = \frac{k-1}{k} \tag{4-1}$$

这里,$\rho=0$ 与临界态 $k=1$ 相对应。在许多情况下,只讨论临界态附近的问题,k 与1十分接近,故 ρ 可以近似写成

$$\rho \approx k-1 \tag{4-2}$$

习惯上,反应性 ρ 的单位有,$\Delta k/k$,Δk,$\$$(元)。

如果反应性 $\rho=1\beta$,则我们称反应性为 1$\$$,即 $\$$ 是反应性 ρ 与缓发中子的总份额 β 的比值,1$\$$ =100 分;由于上述的反应性单位在实用中还显太大,所以在压水堆(Pressure Water Reactor,PWR)中,常常使用 pcm 来作为反应性的单位

$[1\mathrm{pcm}=10^{-5}\rho(\Delta k/k),1\,\$=\dfrac{\beta}{10^{-5}}\mathrm{pcm}]$；在重水堆（如坎度堆，CAND）中常用 mk 来作为反应性的单位，$1\mathrm{mk}=10^{-3}\rho(\Delta k/k)$。

在反应堆运行中，通过测量周期来确定反应性是最常用的一种方法。测量是在反应堆处在超临界状态下进行的。根据中子密度随时间变化的曲线确定反应堆周期，然后查根据倒时方程计算出来的周期反应性曲线，即可得到相应于该周期的反应性大小。图 4.1 给出了该倍周期与反应性的关系曲线。例如，若测得一个＋20 s 的倍周期，根据曲线就可以查得相当于引入一个＋150pcm 的反应性。

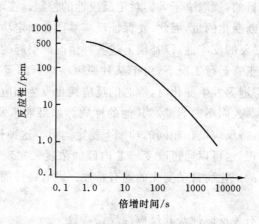

图 4.1　倍周期与反应性的关系曲线

以上反应性 $\rho=\dfrac{k-1}{k}$ 的表达式是应用在 k 接近于 1（偏离临界小）的情况；但对于假设有几个反应性或偏离 1 较大的情况，美国西屋公式推荐应用对数形式表示

$$\Delta\rho=\ln\frac{k_2}{k_1} \tag{4-3}$$

例如，$k=0.95$，则反应性按 $\rho=\dfrac{k-1}{k}$ 表示可得

$$\rho=\frac{k-1}{k}=\frac{0.95-1}{0.95}=-0.05263\Delta k/k$$
$$=-5.263\%\Delta k/k$$
$$=-5263\mathrm{pcm}$$

但如果应用对数表示式（4-3）计算 $\Delta\rho$，则

$$\Delta\rho=\ln\frac{k_2}{k_1}$$

$$= \ln \frac{0.95}{1.00}$$

$$= -0.05129 \Delta k/k$$

$$= -51.29 \text{pcm} \quad （其中 k_1 = 1.0）$$

很明显,应用两种不同表达方式计算所得的结果是不相同的。数学上可以推证,当 k 接近于 1 时,两种表示形式所确定的反应性很相近。

若反应堆开始是处在停堆状态,$k_1 = 0.95$,现操纵员欲使反应堆向超临界过渡到 $k_2 = 1.002$,试问操纵员应向反应堆添加的反应性为

以式(4-3)表示计算

$$\rho_1 = \frac{k_1 - 1}{k_1}, \rho_2 = \frac{k_2 - 1}{k_2}$$

$$\Delta \rho = \rho_2 - \rho_1 = \frac{k_2 - k_1}{k_2 \cdot k_1} = 5460 \text{pcm}$$

对数表达式结果为

$$\Delta \rho = \ln \frac{1.002}{0.95} = 5329 \text{pcm}$$

2. 剩余反应性

考虑到核电厂的运行要求,反应堆的燃料装载得具有一定的储备,所以 k 大于 1。此时反应堆的反应性 ρ 大于 0,以保证反应堆运行一定时间,此时的反应性 ρ 称之为剩余反应性,也称过剩反应性,记作 ρ_{ex}。

现引进剩余有效增殖因数 k_{ex},其定义为

$$k_{ex} = k - 1 \tag{4-4}$$

如果将式(4-4)两端同除以 k,则得

$$\rho = \frac{k - 1}{k} = \frac{k_{ex}}{k} \tag{4-5}$$

当反应堆接近临界时,式(4-5)右端近似表示为 k_{ex},此时的反应性,也即堆的过剩反应性与 k_{ex} 数值上近似相等。如果 $k = 1.001$,$k_{ex} = 0.001$,此时 $\rho_{ex} = 0.001$。但如果 k 数值较大时,其对数表示形式为

$$\rho_{ex} = \ln \frac{k}{k_0} \tag{4-6}$$

因为反应堆临界时 $k_0 = 1$,所以

$$\rho_{ex} = \ln k$$

例如,一座典型压水堆核电厂,其第一循环的 $k = 1.26$,因此,剩余增殖因数 $k_{ex} = 0.26$,或 26%Δk。在这个循环寿期末,k 减小到 1.05,即 $k_{ex} = 0.05$ 或 5%Δk。如果以反应性表示,则寿期初的剩余反应性 ρ_{ex} 应为

$$\rho_{ex} = \ln\frac{1.26}{1.00} = 0.2311\Delta k/k$$
$$= 23110\,pcm$$

寿期末时为

$$\rho_{ex} = \ln\frac{1.05}{1.00} = 0.04879\Delta k/k = 4879\,pcm$$

应该指出,当 k 接近于 1 时,其反应性数值 ρ 几乎等于 k_{ex} 值;但当 k 不接近于 1 时,通常多用 k_{ex},即 Δk,此时它不是剩余反应性 ρ_{ex} 的近似值。上例中已见到明显差别了。当 $k=1.26$ 时,$k_{ex}=\Delta k=0.26$,$\rho_{ex}=0.2311$,k_{ex} 与 ρ_{ex} 数值上可差 0.0289;当 $k=1.05$ 时,$k_{ex}=\Delta k=0.05$,$\rho_{ex}=0.04879$,k_{ex} 与 ρ_{ex} 数值上差别为 0.00121。

3. 停堆深度的定义

在压水堆核电厂运行中,都有停堆深度这一重要定义。在确定停堆深度时要用到停堆反应性这个量。停堆反应性是由于反应堆内控制棒、硼浓度、裂变毒物(氙等)和温度变化而引入的反应性量。

例如,某压水堆核电厂稳定功率运行在 50%满功率水平上,Xe 毒性已达平衡值,临界棒位为控制棒 D 组 150 步,临界硼浓度为 1000ppm,在此情况下停堆了,停堆后两天硼浓度增至 1200ppm,计算此时停堆反应性。

(1)停堆棒

正常运行时停堆棒均提出堆芯。停堆后引入负反应性

$$\Delta\rho_{停堆棒} = -4130\,pcm$$

(2)控制棒

停堆前控制棒组 A、B、C 均提至上限,D 组为 150 步。停堆后引入负反应性

$$\Delta\rho_{停堆棒} = -2588\,pcm$$

(3)裂变毒物(只考虑 ^{135}Xe)

停堆前为平衡氙毒,停堆两天(48h)后,^{135}Xe 已处在消毒段,且毒物的反应性低于平衡氙毒,所以由此而向堆引入了正反应性

$$\Delta\rho_{Xe} = +2000\,pcm$$

(4)硼浓度

停堆前临界硼浓度为 1000 ppm。停堆两天后硼浓度增长到 1200 ppm,所以硼浓度变化向堆内引入了负反应性

$$\Delta\rho_B = -2080\,pcm$$

在不考虑温度变化引入反应性的情况下

$$停堆反应性 = \Delta\rho_{停堆棒} + \Delta\rho_{控制棒} + \Delta\rho_{Xe} + \Delta\rho_B$$

$$= -4310\text{pcm} - 2588\text{pcm} + 2000\text{pcm} - 2080\text{pcm}$$
$$= -6798\text{pcm}$$

4. 一次允许释放的反应性

核电厂原来稳定运行在一定功率水平（如 50% 满功率），此时临界棒位为 $h(\rho=0)$，现如果将控制棒提起至 h_1，即提起 $\Delta h = h_1 - h$，反应堆处在超临界状态。堆功率以一定的速率指数上升，上升的速度取决于 Δh 的大小，即 $\Delta \rho$ 的大小。但一次提棒 Δh 向堆引入的正反应性 $\Delta \rho$ 是受到一定的限制的。这就是说，不允许反应堆功率上升太快。这是根据人因工程学决定的，因为人的反应能力是有限的。否则，核电厂运行可能出现异常而不安全。现在压水堆核电厂运行文件中都规定了限值。向堆内引入的正反应性值在 2.0×10^{-3} $(\Delta k/k)$ 左右（因堆不同而可能不同）。所以就将此限值称之为一次允许释放的反应性，也即一次允许向堆芯引入的正反应性量。应该明确指出，向堆芯引入负反应性时不受限制。

由于向堆引入正反应性直接会影响到堆的安全，所以在开堆向临界趋近的过程中，运行文件也规定了限制，不允许同时以两种不同方式向堆引入正反应性，或提控制棒，或稀释硼酸浓度，只能以一种方式。同样，向堆内引入负反应性时则不受限制，插棒、加浓硼酸两种方式可以同时进行。

这里还应提及的是，许多反应堆对反应性添加率也有限制，特别对研究性的零功率堆，国际推荐值一般不超过 2.0×10^{-4} $(\Delta k/k)/s$。但对压水堆核电厂，控制棒提升速度设计时已经确定了。压水堆核电厂运行的特点是，二回路负荷变化是主动的，一回路反应堆功率是跟踪负荷变化的。负荷变化率也是有限制的，且实际升功率负荷变化很小，所以完全能满足安全要求。

5. 测量方法

反应性是反应堆运行的重要参数，不过它是不能直接测量的物理量，因此应该了解如何测定反应性。在反应堆物理实验中有很多测量反应性的方法，如周期法、落棒法、跳源法、振荡法、逆动态法以及脉冲中子源法，其中很多方法都需要一些专门的测量仪器设备，但对反应堆运行讲，主要是确保安全运行，而不需要非常精确的结果。通常核电厂操纵员在主控室就利用周期法来确定反应性。周期法具有最直接、最简单、最快的特点，且不需要附加任何仪器设备，因此它是最实用的方法。周期法测量反应性的理论依据是反应性方程。

4.2　反应性变化

对于一个新设计的反应堆，为了保证它能大功率长期运行，必须使它有足够的反应性储备。一个新堆投入运行之前，在冷态（293.15K）时所储备的反应性即冷态干净堆芯的剩余反应性,称为该堆的后备反应性。核反应堆启动运行后,堆芯温度从冷态变为热态,温度变化范围较大,温度的变化将引起反应性的变化。反应堆在运行过程中,核裂变不断地产生裂变碎片,它们都吸收中子,从而引起反应性的变化。同时,堆内裂变核不断地发生变化,也使反应性发生变化。

对压水堆而言,影响反应性变化主要有下列三个效应。

1. 温度效应

反应堆投入运行后,随着堆芯温度提高,引起堆芯物质密度的减小,中子温度升高,铀核热运动加剧,这些变化导致反应性变化。因为堆芯温度变化引起反应性变化的现象称为温度效应。当堆芯温度升高引起反应性增加称正温度效应,当堆芯温度升高引起反应性减小则称为负温度效应。通常都将反应堆设计成具有负温度效应的反应堆。不同堆型的温度效应很不一样,压水堆的温度效应最为显著。由温度效应引起的反应性损失称温度反应性。对于压水堆,在额定参数时,这一损失大约为 $2\% \sim 12\%$。

2. 中毒效应

在核反应堆运行过程中,裂变碎片和许多的它们衰变的产物逐渐积累,在这些物质中,有一些具有很大的热中子吸收截面,特别是 ^{135}Xe 和 ^{149}Sm。通常把这些有害的裂变产物及其衰变的产物称为核毒物。核毒物俘获中子而引起反应性减小的现象称为中毒效应。由核毒物引起的反应性损失称为中毒反应性。对于不同的核反应堆、不同的运行时间,中毒反应性大小是不同的,对一般压水堆在额定工况时,它的平衡中毒反应性大约为 $2\% \sim 5\%$。

3. 燃耗效应

核反应堆投入运行后,核燃料将不断地燃耗。燃耗将引起反应性下降,这种效应称为反应性燃耗效应,简称燃耗效应。因燃耗引起的反应性损失称为燃耗反应性。对于不同的核反应堆、不同的运行功率及运行时间,燃耗反应性的大小差别很大。堆功率越高,工作时间越长,燃耗就越深,所损失的反应性也就越多。对一般压水堆在工作末期时,这一损失大约为 $3\% \sim 12\%$。

核反应堆在不同的时间和不同的工况下,这些效应又有主次之分。例如,当核反应堆由冷态向热态过渡或运行温度发生大幅度变化时,温度效应是主要的;当反应堆处在高功率下运行或功率大幅度变化时中毒效应就显著;当核反应堆长期工作时,燃耗效应愈来愈明显。

表 4.1 列举几个压水堆三种效应反应性的大小,供参考。

表 4.1　压水堆的各项反应性分配

堆名	温度效应/%	中毒效应/%	燃耗效应/%	总计
核船萨瓦娜	4.1	2.7	3.6	10.4
缅因·扬基	4.8	3.2	6.5	14.5
希平港	2.6	3.8	11.0	17.4
齐翁	3.3	3.2	8.0	14.5
鲁滨逊-2	4.2	4.2	7.7	16.1

综上所述,为了保证核反应堆能够正常工作一段时间,特别是动力反应堆,要求它在大功率下能够工作数十天甚至几百天,这就要求它在工作开始之前具有足够的反应性储备,用以补偿由温度、中毒和燃耗效应所引起的反应性损失。对于一般压水堆,后备反应性的数值约在 15%～25% 范围。

4.3　温度效应与温度系数

1. 温度效应

压水堆由冷态过渡到热态,堆芯温度要变化 200～300K,当反应堆功率发生时,堆芯温度也要变化,即使在正常稳定功率运行时,只要有某种原因(如冷却剂流率的变化),就会逐渐改变反应堆温度,既而由于堆芯温度化而产生温度效应。

对于压水堆,产生温度效应的原因是多方面的,主要有下列三个原因。

(1)堆芯材料密度的变化

堆芯温度变化时,堆芯各种材料(核燃料、慢化剂、结构材料等)的密度将发生变化,引起各种宏观截面和堆芯几何尺寸发生变化,使有效增殖系数发生变化,导致反应性变化。压水堆内慢化剂的密度变化特别显著。例如,当压水堆的压力为 140atm,慢化剂温度在 293K 时,密度为 $1001.7kg/m^3$,而温度在 523K 时,密度为 $810.1kg/m^3$。堆芯从冷态到热态,由于水的密度变小,使热中子扩散面积和中子年龄都增大,因而增加了中子的泄露,使不泄露几率减小,造成有效增殖因数减小。同时,水的密度减小,降低了对中子的慢化效率,增加了 ^{238}U 核对中子的共振吸收,逃脱共振俘获几率减小,也使有效增殖因数减小,自然,由于水的密度变小,相当于增加燃料的浓度,使热中子利用系数增加。为了获得负温度效应,设计时适当选择水铀比,可使这一贡献与以上两项损失比较起来要小。因此,当水的密度减小时,总的效应使有效增殖因数减小,导致反应性减小。

(2)中了温度的变化

　　慢化剂温度变化时,根据式(3-3),中子温度也随之变化,即热中子的平均能量发生变化,由于微观截面是中子能量的函数,所以微观截面也发生变化,使有效增殖因数变化。具体地说,当慢化剂温度升高时,热中子谱变硬,这时微观热中子吸收截面和微观热中子裂变截面按 $1/v$ 规律减小。对于低浓缩铀燃料的压水堆,由于燃料的热裂变截面比热吸收截面减小得更快些,因此每次吸收的中子产额随中子温度的升高而减小,从而引起有效增殖因数减小。另外,中子温度升高时,慢化剂的微观吸收截面减小,导致热中子扩散截面积增大,使热中子不泄漏几率减小,引起有效增殖因数减小。由此可知,当中子温度变化时,将会导致反应性发生变化,但其作用比起慢化剂密度变化的影响要小些。

　　(3)铀核共振吸收的变化

　　核燃料温度变化时,铀核共振吸收截面曲线形状将发生变化。当核燃料升温时,铀核的热运动更加剧烈,这时共振曲线加宽变平,峰值变低,通常称为温度展宽或多普勒展宽。共振峰变宽以后,由于峰值面降低,燃料的自屏效应减弱,使元件内的共振通量密度分布趋于平坦,即元件内的平均共振通量密度有所增加。同时共振能区被加宽,因而使铀核对中子的共振俘获增多,逃脱共振俘获几率减小,最后导致有效增殖因数减小,这样共振俘获随温度升高而增加的现象,称为"多普勒效应"。在核反应堆运行中,当功率发生变化时,由于燃料温度对功率变化的影响差不多是瞬时的,因此多普勒效应立即表现出来,它对核反应堆功率自动调节起着重要作用。

2. 温度系数

　　(1)温度系数的定义

　　堆芯温度每变化一度(K)时所引起的反应性变化称为反应性温度系数简称温度系数,以 α_T 表示。即

$$\alpha_T = \frac{\partial \rho}{\partial T} \tag{4-7}$$

式中:ρ 是反应性;T 是堆芯的温度;α_T 的单位为 $1/K$。必须指出,"堆芯的温度"是个很笼统的概念。因为核反应堆内的温度是随空间位置而变化的,堆内的温度分布既与功率分布有关,又与传热、载热等条件有关,所以温度效应是一种空间效应,通常,只研究它的平均效应,因而这里的"T"可理解为堆芯的平均温度。

　　(2)核反应堆总的温度系数

　　堆芯中各种成分(核燃料、慢化剂和冷却剂)的温度及其温度系数都是不同的。由于压水堆内核燃料和慢化剂是分离的,因此必须区分燃料温度系数和慢化剂温度系数。对于核燃料而言,其时间常数(即从温度变化到产生反应性显著变化所需的时间)很短,而对慢化剂而言却长得多,原因在于热量产生于燃料之中,它传播到

慢化剂之中需要一定的时间。因此,常把燃料温度系数称为瞬时系数,而慢化剂温度系数称为延时温度系数,核反应堆总的温度系数等于堆芯各种成分的温度系数的总和,即

$$\alpha_T = \sum_j \frac{\partial \rho}{\partial T_j} = \sum_j \alpha_T^j \qquad (4-8)$$

式中:T 和 α_T 分别为堆芯中第 j 种成分的温度和温度系数。其中起主要作用的是燃料温度系数和慢化剂温度系数。

为了对决定反应性温度系数的物理因素有一个直观的了解,假定在所有时间内温度与堆内的位置无关,即当温度变化时,认为堆内的温度均匀变化,在这种情况下导出的温度系数称为均匀温度系数。

下面对温度系数作进一步的分析。由式(4-7)可得

$$\alpha_T = \frac{1}{k^2} \frac{\partial k}{\partial T} \qquad (4-9)$$

对于运行中的核反应堆,通常 $k \approx 1$ 因此式(4-9)可写成

$$\alpha_T \approx \frac{1}{k} \frac{\partial k}{\partial T} \qquad (4-10)$$

对于热中子裸堆而言

$$k = k_\infty P_T P_F \qquad (4-11)$$

其中

$$k_\infty = f \eta \varepsilon p \qquad (4-12)$$

而 P_T 和 P_F 分别是热中子和快中子的不泄露几率

$$P_T = \frac{1}{1 + B^2 L^2} \qquad (4-13)$$

$$P_F = e^{-B^2 \tau} \qquad (4-14)$$

将式(4-11)两边取自然对数后对温度求偏导数得

$$\alpha_T = \frac{1}{k} \frac{\partial k}{\partial T} = \frac{1}{k_\infty} \frac{\partial k_\infty}{\partial T} + \frac{1}{P_T} \frac{\partial P_T}{\partial T} + \frac{1}{P_F} \frac{\partial P_F}{\partial T} \qquad (4-15)$$

由式(4-10)可知,因为 $k > 0$,所以 α_T 与 $\frac{dk}{dT}$ 有相同的代数符号。于是,如果 α_T 是正的,则 $\frac{dk}{dT}$ 也是正的,因而反应堆的增殖因子将随温度的升高而增加。反之,如果 α_T 为负的,则 $\frac{dk}{dT}$ 也是负的,增殖因子随温度的升高而减小。

温度系数的正负号和核反应堆能否稳定运行有极大的关系。如果核反应堆处于稳定运行状态时,由于反应性扰动增加,引起堆功率无限上升而不能达到第二个稳定状态,这种核反应堆就是内在不稳定的;若稳定运行的核反应堆,由于反应性

扰动使反应堆从一种稳定状态向另一种稳定状态过渡的过程中,或者不发生瞬态振荡,或者虽发生振荡但振幅很小并迅速衰减,称该堆具有内在稳定性。

若温度系数是正的,当核反应堆处于稳定运行时,由于某种原因使堆芯温度升高,引起反应性增大使反应堆功率随之增加,堆功率的增加在冷却条件不变的情况下又进一步引起堆芯温度升高,从而又使反应性进一步增大,堆功率变化更迅速地进一步提高,导致堆功率无限制增长,若不用控制系统干预,则最终会导致堆芯烧毁;反之,当核反应堆稳定运行时,由于某种原因使堆芯温度略有下降,则反应性也下降,引起堆功率减小,于是堆芯温度进一步下降,使反应性进一步减小,堆功率变化更迅速更进一步降低,直至核反应堆自动停闭。显然,这种反应性效应的正反馈将使核反应堆具有内在的不稳定性,因此,在核反应堆设计时,不希望出现正温度系数。

具有负温度系数的反应堆,反应性变化与温度变化反号,当稳定运行的核反应堆的反应性稍有增加时,如果不改变冷却剂的流量率,堆芯温度会升高,则反应性会下降,直到堆芯在较高温度下使核反应堆达到一个新的稳定状态。同理,当稳定反应堆的反应性减小时,如果冷却剂流量率不变,堆芯温度会降低,则反应性会增加,使核反应堆在一较低温度下达到一个新的稳定状态,这种负温度效应使核反应堆具有内在的稳定性。

负温度系数对核反应堆安全运行具有重要意义。假定,在运行过程中,由于误操作或其它原因,控制棒突然向上提升一段,引入一正反应性,堆处于超临界状态,堆功率随之骤然增加,堆芯温度升高,由于温度负反馈作用,反应性减小,抑制了堆功率的增长。又如,当一回路发生失水事故时,堆芯导热情况恶化,堆芯温度急剧上长,核反应堆有可能超出热工安全限值而导致严重后果,若堆具有负温度系数,随着堆芯温度升高,反应性变小,使堆功率随之下降。这样就能在一定程度上减缓或限制堆芯温度上升,从而有可能减缓或限制这种事故的扩大,可见,负温度系数对核反应堆的安全是有利的。

负温度系数虽然对堆的控制有利,但由于堆从冷态过渡到热态时,需要较大的正反应性补偿负温度效应,使堆的工作周期缩短。另外,负温度系数过大,可能发生功率超调或振荡现象,因此,负温度系数的数值大小要适当,必须综合考虑。图4.2综合三种不同温度系数的情况下,在堆内引入一正反应性扰动后,堆功率随时间的变化情况。

一般来说,压水堆的慢化剂温度系数大约在 $-1.0 \times 10^{-5} K^{-1}$ 到 -5.0×10^{-4} K^{-1} 的范围;燃料温度系数大约在 $-3.6 \times 10^{-5} K^{-1}$ 到 $-1.6 \times 10^{-5} K^{-1}$ 的范围。

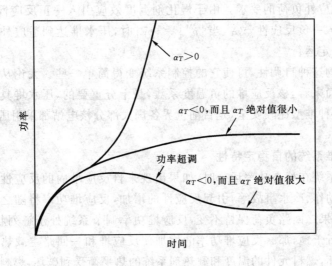

图 4.2　堆功率随时间的变化

4.4　反应堆的自稳自调特性

1. 反应堆的自稳性

压水堆的自稳性是指在一定工况下稳定运行的压水堆动力装置,引入一小反应性扰动后,即使不用外部控制,仅靠堆芯燃料和慢化剂的负温度效应也能抵抗反应性的干扰,经过一段过渡过程后,系统自动达到新的稳态。

例如,压水堆动力系统在某一堆功率下稳定运行,突然引入一个正反应性扰动,如果二回路负荷保持不变,反应堆功率会立即上升,燃料温度随即升高,慢化剂的平均温度也缓慢地增加,由于燃料和慢化剂的负温度效应产生一个负反应性,从而抑制了反应堆功率的上升速率,堆功率达到峰值后开始很快下降,然后缓慢下降,当温度效应引入的负反应性逐渐抵消外界引入的正反应性时,最后系统达到新的稳定状态。此时反应堆的功率仍为扰动前的稳态功率水平,燃料和慢化剂的温度比扰动前稳态下的相应值有所增加。

2. 压水堆的自调性

所谓压水堆的自调性是指没有控制系统下,核反应堆靠温度效应的负反馈能自动调节输出功率以适应负荷变化的要求的特性。例如,设压水堆在某一功率水平上稳定运行,若切除控制系统情况下,外负荷突然增大,则从一回路输出的热量增加,堆进口温度下降,使堆芯平均温度下降,由于 $\alpha_T < 0$,反应性增加,堆功率随

之上升,以适应外负荷的要求。由于慢化剂温度效应引入一正反应性 ρ_T^M,而燃料温度效应引入一负反应性 $-\rho_T^F$,当 $|\rho_T^M| = |\rho_T^F|$ 时,压水堆达到适应外负荷要求的功率水平,稳定运行。

压水堆的这种自调性,可使它的控制系统变得简单一些。无论从功率调节还是安全等方面来看,核反应堆的负温度系数,是十分重要的,压水堆具有显著的负温度系数,这种堆型比较安全,是目前世界各国大部分核电站都采用压水堆的重要原因之一。

3. 压水堆系统的自稳定特性

压水堆系统在稳态功率运行时,如果出现来自反应堆内的反应性扰动,例如,控制棒组的动作、冷水事故等,引起反应性的增加,反应堆功率将随之上升。在这种情况下,如果二回路负荷保持不变,反应堆功率调节系统处于解列状态,运行人员也没有进行干预,那么反应堆功率的增加使反应堆和一回路主载热剂系统的热平衡受到破坏,燃料元件的温度和载热剂系统的热平衡受到破坏,燃料元件的温度和载热剂的温度随之上升。

燃料元件锭片温度的上升速率取决于扰动的大小,即引入的反应性大小,以及燃料元件本身的时间常数 τ_f。一般情况下 τ_f 在 3s 左右的数量级上,与活性区中子通量 ϕ 的时间常数 τ_ϕ 相近。因此,T_f 的飞升曲线与中子通量 ϕ 的飞升曲线形状相似,趋势相同。如图 4.3 中第一个峰值是瞬发中子的贡献,第二个峰值是缓发中子的贡献。

当燃料锭片温度 T_f 上升后,由于反应堆具有负的燃料温度系数 α_f,堆内自动引入一个负的反应性,它抵消了由于扰动引入的正反应性,使反应堆功率不再继续上升,并逐步恢复到原有水平。

一回路载热剂的温度 T_{avg} 上升的趋势较燃料锭片略有迟后。由于在压水堆中,载热剂同时又是慢化剂,压水堆在功率运行中都具有负的慢化剂温度系数,所以当载热剂温度上升后,由于慢化剂的负的温度效应,给堆内又引入一个负的反应性,从而进一步抑制了反应堆功率的上升,并使反应堆总的反应性恢复到稳态水平(零)。这时装置达到一个新的平衡状态,燃料锭片温度 T_f 和载热剂温度 T_{avg} 都高于原先的稳态工况。此时,由于燃料温度效应和慢化剂温度效应引起堆内的负反应性与扰动引入的正反应性在数值上相等,因此正好互相抵消。

压水堆系统这种对反应堆内反应性扰动具有的自平衡能力,叫做压水堆系统的自稳特性。压水堆的自稳特性是由反应堆的负燃料温度系数和负慢化剂温度系数提供的。反应堆的燃料温度系数和慢化剂温度系数绝对值越大,系统的自稳特性越好。

压水堆动力装置的自稳特性,保证了反应堆抗干扰能力,增加了反应堆的安全

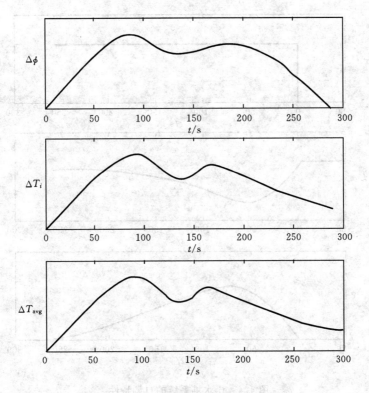

图 4.3　压水堆系统的自稳特性

程度。

4. 压水堆动力系统的自调特性

压水堆系统在稳态功率运行时,如果出现来自二回路负荷的扰动,例如,汽轮机负荷的突然阶跃上升、下降,主汽门速关等,在这种情况下我们假定反应堆功率调节系统处于解列状态,运行人员也没有进行干预,那么反应堆功率与二回路负荷失去平衡。

为分析方便起见,我们先假定汽轮机负荷阶跃上升的工况。由于汽轮机负荷大于反应堆功率,载热剂平均温度首先下降。由于反应堆具有负的慢化剂温度系数 α_m,在反应堆内引入一个正的反应性,使反应堆功率自动跟随二回路功率的上升而增加,直到达到新的平衡为止,如图 4.4 所示。

当反应堆功率因慢化剂负的温度效应而增加时,燃料锭片温度上升。由于燃料温度系数也是负的,在锭片温度上升时向堆内引入一个负的反应性,它阻尼了反应堆功率的进一步上升。直到反应堆功率与二回路负荷平衡,由慢化剂温度效应

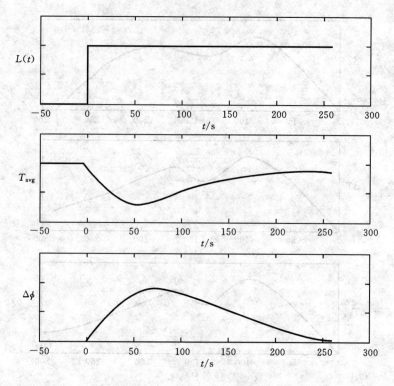

图 4.4　压水堆系统的自调特性

引入的正反应性与燃料温度效应引入的负反应性互相抵消,总的反应性又恢复为
零,反应堆在新的平衡状态下运行。此时,载热剂温度和燃料锭片温度将偏离原先
的稳态运行值。

　　同样,在二回路负荷阶跃下降过程中,载热剂平均温度上升,通过 α_m 的作用在
堆内引入一个负的反应性,使反应堆功率自动跟随负荷的下降而减少。当反应堆
功率下降时,燃料锭片温度也随之下降。由于燃料温度系数也是负的,由燃料温度
效应在堆内引入一个正的反应性,阻尼了堆功率的继续下降,直到反应堆功率与二
回路平衡为止。

　　压水堆系统这种自动跟随外负荷变化的能力,叫做压水堆系统的自调特性。
压水堆系统的自调特性,主要是由压水堆负的慢化剂温度系数提供的。慢化剂温
度系数的绝对值越大,反应堆跟随外负荷变化的能力越强,装置的自调特性越好。
负的燃料温度系数,起到了阻尼中子功率在自调过程中变化的作用,它的存在是反
应堆自调过程中一个重要的稳定因素。

4.5　燃料温度系数

燃料温度每变化一度（K）时所引起的反应性变化称为燃料温度系数，以 α_T^F 表示。

燃料温度系数主要是由 ^{238}U 的共振俘获的多普勒效应引起的。当燃料温度增加时，^{238}U 俘获共振峰展宽使共振吸收增加，逃脱共振俘获率减小产生负温度效应，这样，燃料温度系数可以表示为

$$\alpha_T^F = \frac{1}{k}\frac{\partial k}{\partial T_F} = \frac{1}{P}\frac{\partial P}{\partial T_F} \tag{4-16}$$

式中：T_F 为燃料温度。对非均匀堆的逃脱共振俘获几率为

$$p = \exp\left[-\frac{N_a V_F}{\xi\Sigma_s V}I_{eff}\right] \tag{4-17}$$

式中：I_{eff} 为有效共振积分；N_a 为燃料棒内吸收材料的核密度；$\xi\Sigma_s$ 是栅元的平均慢化能力；$V=V_F+V_M$ 是栅元的体积。

当核反应堆的功率发生变化时，燃料温度立即发生变化，而慢化剂温度还来不及发生变化，这时，式（4-17）中只有 I_{eff} 随温度而变化，把式（4-17）带入式（4-16）可得

$$\alpha_T^F = -\frac{N_a V_F}{\xi\Sigma_s V}\frac{dI}{dT_F} \tag{4-18}$$

当燃料温度系数升高时，有效共振积分增加，即 $\frac{dI_{eff}}{dT_F}>0$，所以在低浓缩铀为燃料的核反应堆中，燃料温度系数总是负的。

燃料温度系数与燃料的温度、燃耗有关，随着核反应堆运行时间的延长，元件内 ^{239}Pu 和 ^{240}Pu 逐渐积累，因为 ^{240}Pu 在热能区附近有很大的共振俘获峰，它的多普勒效应使燃料负温度系数的绝对值增大。

1. 燃料有效温度

整个反应堆堆芯和燃料芯块内部温度的变化是很大的。有时为了方便，常取体积平均温度。有些问题要通过温度来要求多普勒燃料温度展宽和自屏所增加的吸收，为此曾定义过两种有效逃脱吸收温度，用于计算多普勒系数，它们都是对逃脱共振吸收因子权重的平均温度。

第一种是单棒燃料元件有效温度（见图 4.5）。因为大部分共振吸收发生在非常接近燃料包壳的地方，燃料元件棒外围的温度较低，它要比棒中央的较高温度权重大得多，所以有效温度低于燃料棒的平均温度。这对所有功率水平都是正确的，但对单根棒情况，只对这根棒的一小段是对的。因为棒的功率输出沿着棒的长度

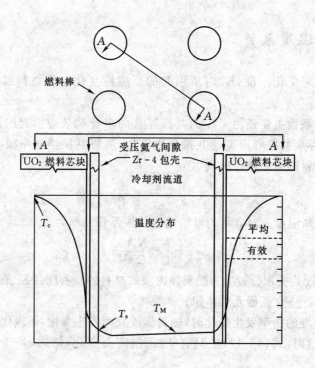

图 4.5　局部径向温度分布
T_c—芯块中心温度；T_s—燃料棒表面温度；T_M—慢化剂温度

并不是均匀的,在棒的中段功率要比两端高,而位于堆芯中央棒的功率要比堆芯外围的高,这就需要用第二种燃料有效温度进行描述。

第二种是堆芯燃料有效温度。燃料有效温度是对整个堆芯来说的,因在高中子通量密度区,对堆芯逃脱共振吸收概率有较大的影响,又因为这些区也是高温区,所以这种堆芯的燃料有效温度比堆芯的燃料平均温度高。堆芯的燃料有效温度直接关系反应堆运行的功率水平,并作为多普勒效应引入反应性的首要度量。

2. 多普勒系数与燃料有效温度

首先,多普勒系数是燃料有效温度的函数,在定义时明确多普勒系数是反应性对燃料有效温度的变化率,以 $\mathrm{d}\rho/\mathrm{d}T$ 表示,单位用 pcm/℃。图 4.6 给出了它们的函数关系。

从图 4.6 可见,在燃料有效温度较高时,堆芯寿期初(Beginning of Life, BOL)的多普勒系数较寿期末(Ending of Life, EOL)时要更负些。这是因为在高温时,在共振能量处,^{240}Pu 中子吸收截面明显地减小。^{240}Pu 共振峰在高温时的多普勒展宽,并未引起更多中子的吸收。因为此时 ^{240}Pu 的自屏效应不明显了,^{238}U

的贫化较²⁴⁰Pu 的积累更为重要,所以对高温情况,会出现 EOL 时的多普勒系数值
反而没有 BOL 时的值更为负的现象。

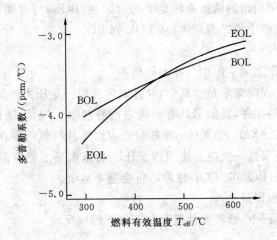

图 4.6　多普勒系数与燃料有效温度

　　这里应该说明一点,由于反应堆内燃料有效温度及燃料温度的变化都是不能
测量的,因此,在考虑反应堆的瞬态时,实际上使用的多普勒系数多是功率的函数,
也即将它定义为由反应堆功率变化所导致的堆芯反应性的变化来度量(即 $\Delta\rho/\Delta\%$
功率)。图 4.7 绘出了多普勒功率系数与功率的函数关系。

　　功率上升,燃料有效温度升高,在以稍富集铀为燃料的堆芯里,总是引入了负

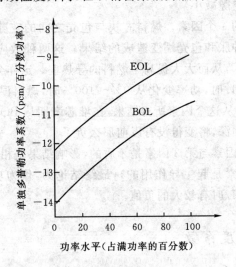

图 4.7　多普勒功率系数与功率的关系

反应性,因为多普勒展宽和自屏效应使^{238}U 的共振吸收增加了。

3. 多普勒系数与堆芯寿期的关系

在图 4.6 中,所给出的两条曲线是堆芯寿期初(BOL)与寿期末(EOL)情况下的多普勒系数。在整个堆芯寿期内,从 BOL 到 EOL,有三个重要因素影响着多普勒系数。

(1)燃料和包壳之间空隙中气体的导热率

燃料棒制造过程的最后是抽真空,并在其内充以一定压力的氦气,然后加以焊封。所以,对新燃料元件,其间都具有一确定的导热率。但是,随着燃耗的不断的加深,裂变气体如氙(Xe)、氪(Kr)不断在包壳内聚集且与氦气混在一起,从而降低了空隙的导热率。仅这一效应会使相当于任一功率水平的燃料温度升高;多普勒系数随燃耗的加深(BOL 向 EOL 过渡),将会愈来愈负。

(2)钚的产生和积累

反应堆运行过程中,燃料元件里存在着如下的核反应

$$^{238}U + n \longrightarrow {}^{239}U \xrightarrow[T_{1/2}=23\text{min}]{\beta^-} {}^{239}Np \xrightarrow[T_{1/2}=56\text{h}]{\beta^-} {}^{239}Pu$$

$$^{239}Pu + n \longrightarrow {}^{240}Pu$$

$$\cdots$$

式中:^{240}Pu 在中子能量为 1eV 处,具有截面约为 1×10^{-19} cm^2 的强烈吸收中子的共振峰。由于^{240}Pu 在堆芯中聚集,随燃耗的加深,堆芯寿期从 BOL 到 EOL 过渡,多普勒系数也将会越来越负。

(3)燃料-包壳空隙减小

这是非常重要的一个因素。燃料芯块与包壳之间的空隙的减小,是由于燃料经受中子辐照引起肿胀和包壳蠕变造成的结果。这两种效应,将使燃料芯块和包壳贴合得较前更紧了,从而大大提高了燃料的导热率。这样会使 EOL 时的燃料有效温度降低。在 BOL 时,功率变化从 0%~100% 时,燃料温升约为 555℃(即,约为 5.5℃/%功率)。从这个因素所得结果,在堆芯寿期从 BOL 过渡到 EOL 中,多普勒系数随燃耗的加深,将变得没有以前那么负了。

很明显,第 1、2 因素与第 3 因素是矛盾的,影响结果是相反的。综合以上所述的三个因素(第 3 因素是起主导作用的),最终结论为,作为功率函数的多普勒系数,在 BOL 时比 EOL 时有较大的负值。

4.6 慢化剂温度系数

慢化剂温度每变化一度(K)时所引起的反应性变化称为慢化剂温度系数,

记 α_T^M。

对压水堆来说,当堆芯温度升高时,慢化剂的密度发生明显变化,使得核反应堆的慢化能力和中子能谱都发生变化,因而引起反应性的显著变化,在有效增殖因数中,除了因子 ε 外,其余各种参数都和慢化剂密度及慢化剂温度有关,慢化剂温度系数可写成

$$\alpha_T^M = \alpha_T^M(\eta) + \alpha_T^M(f) + \alpha_T^M(p) + \alpha_T^M(P_F) + \alpha_T^M(P_T) \qquad (4-19)$$

功率升高时,慢化剂温度变化较慢,迟后于燃料温度变化,所以它引起的反应性变化较慢,这取决于燃料元件到慢化剂和蒸汽发生器一次侧(管侧)向二次侧(壳侧)的传热速率。

压水反应堆中慢化剂水将裂变快中子慢化为热中子(水也吸收热中子),慢化剂温度对反应性的净效应主要是慢化剂水分子与燃料铀原子数之比(H_2O/U)的函数。在压水堆中,装载的燃料是非均匀的,反应堆中的燃料装载任何温度下是不变的,但慢化剂的密度随慢化剂温度的增加而下降,这意味着部分水分子被移出堆芯,因此慢化剂温度增加会引起 H_2O/U 的减小。

1. 慢化剂温度对快裂变因子的影响

因为 ^{238}U 快裂变使中子的总数增加,所以快裂变因子 ε 总是大于1。在水密度减小时,因为中子的慢化受到影响,中子在发生快裂变的高能区会停留较长的时间,所以快裂变因子随着慢化剂密度减小而增加,因此慢化剂温度增加,ε 也增大。但是,与逃脱共振吸收概率和热中子利用因数相比,慢化剂温度变化对 ε 影响是很小的。图 4.8 给出了 ε 与 H_2O/U 的关系。

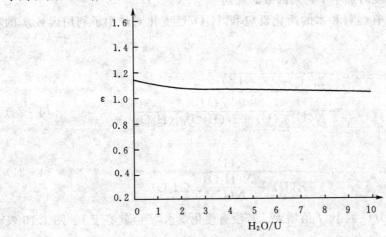

图 4.8　快裂变因子与 H_2O/U 的关系

2. 慢化剂温度对不泄露概率的影响

　　水的密度对慢化效果影响最大,水中 H 起主要慢化作用。水温的增加,氢密度减小,水的慢化效果减弱。这意味着慢化过程中快中子的不泄露概率和扩散过程中的热中子不泄露概率(P_f、P_{th})随慢化剂温度增加而减小,这对慢化剂温度系数有负影响。在压水堆里对 k_{eff} 的这种影响是相当小的,因为从大的堆芯泄露出去的中子是不多的,图 4.9 给出了 P_f,P_{th} 与 H_2O/U 的关系。

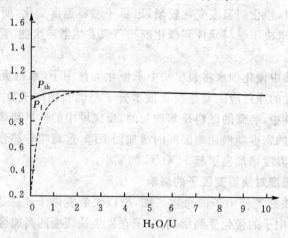

图 4.9　不泄露概率与 H_2O/U 的关系

3. 慢化剂温度对热中子利用因数的影响

　　假定一座只有燃料和水的简化反应堆,H_2O/U 变化对热中子利用因数 f 的影响是

$$f = \frac{\Sigma_a(U)}{\Sigma_a(U) + \Sigma_a(H_2O)}$$

$$= \frac{N(U)\sigma_a(U)}{N(U)\sigma_a(U) + N(H_2O)\sigma_a(H_2O)} \tag{4-20}$$

所以

$$f = \frac{\sigma_a(U)}{\sigma_a(U) + \dfrac{N(H_2O)}{N(U)}\sigma_a(H_2O)} \tag{4-21}$$

由上式可见,H_2O/U 减小,f 值增大。若没有慢化剂水,f 值就等于 1。图 4.10 表示了 f 与 H_2O/U 的关系。

　　随着慢化剂温度上升,H_2O/U 下降,f 增大,因此慢化剂温度对 f 的影响是正的反应性效应。

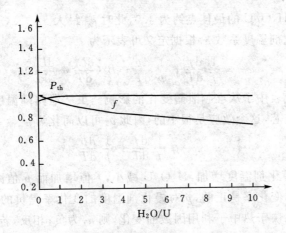

图 4.10 热中子利用系数与 H_2O/U 的关系

4.慢化剂温度对逃脱共振吸收概率的影响

水的慢化效果直接影响逃脱共振吸收概率 p。随着水慢化能力的减小，中子在两次碰撞间平均穿过的距离变大，因此它们能在超热区穿过更多的燃料核，被 ^{238}U 或 ^{240}Pu 吸收的概率增大随着慢化剂密度的减小，H_2O/U 减小，逃脱共振吸收概率减小，若堆芯内没有慢化剂，逃脱共振吸收概率接近零。图 4.11 表示了 p 随 H_2O/U 的变化。

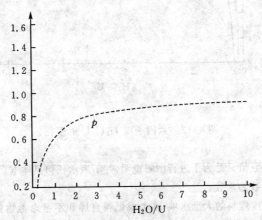

图 4.11 逃脱共振俘获概率与 H_2O/U 的关系

5. k_{eff} 与 H_2O/U

图 4.12 将受慢化剂密度变化影响的六因子公式以曲线的形式表示出来。在一座大型压水堆里，主要影响因子是逃脱共振吸收概率 p 和热中子利用因数 f，对

大多数压水堆,H_2O/U 的最佳点约为 4.0,此时 k_{eff} 最大。

数学上慢化剂温度系数 α_T 根据定义可表示为

$$\alpha_T \doteq \frac{1}{f}\frac{df}{dT} + \frac{1}{p}\frac{dp}{dT} - B^2\left(\frac{dL_f^2}{dT} + \frac{dL_{th}^2}{dT}\right) \qquad (4-22)$$

式中最后一项代表中子从堆芯泄露变化的影响。虽然泄露随温度增加而增加,但对大型压水堆堆芯,这个效应是很小的,因此 α_T 可以简化为

$$\alpha_T \doteq \frac{1}{f}\frac{df}{dT} + \frac{1}{p}\frac{dp}{dT} \qquad (4-23)$$

已知随着慢化剂温度增加,H_2O/U 减小,f 值增加而 p 值减小,这意味着 f 对慢化剂温度的变化率是正的,p 对慢化剂温度的变化率是负的。如果逃脱共振吸收概率的变化快于热中子利用因数的变化,则 α_T 为负;相反,若热中子利用因数的变化是主要的,则 α_T 为正。

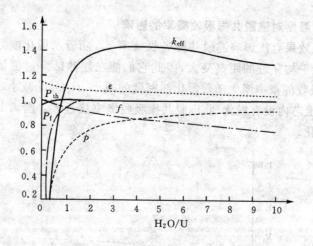

图 4.12　六因子随 H_2O/U 的变化

注:几点说明

①图中所给的数值只是为了进行图解说明,并不表示任何具体电厂的数据;

②假设再生系数为常数;

③对于低富集度燃料的大型水堆,在考虑燃料自屏和不考虑毒物自屏及可溶硼自屏的情况下,图中的曲线形状是典型的。

慢化剂温度系数是正还是负,取决于慢化剂对中子的吸收与慢化,k_{eff} 与 H_2O/U 的关系可以分成两区,过慢化区和欠慢化区,最佳点为分界点。

最佳点的右边是过慢化区,以慢化剂的热吸收特性为主导。在这个区里随着

温度升高,由于慢化剂热吸收减少引入的正反应性多于共振吸收增加引入的负反应性。由于慢化剂温度增加 k_{eff} 增加,因此 α_T 是正的。即温度 T_1 时,有效增殖因数为 k_{eff1},当温度升至 T_2 时,有效增殖因数为 k_{eff2},$T_2 > T_1$,此时 $k_{eff2} > k_{eff1}$

$$\alpha_T = \frac{k_{eff2} - k_{eff1}}{T_2 - T_1} = \frac{\Delta k_{eff}}{\Delta T} > 0$$

如图 4.13 所示。

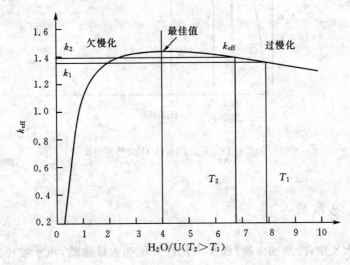

图 4.13　k_{eff} 与 H_2O/U 的关系(A)

　　最佳点的左边是欠慢化区,慢化剂的慢化能力比慢化剂的吸收效应更重要,慢化能力占主导。随着慢化剂温度增加,逃脱共振吸收概率的减小大于热中子利用因数的增加,因此在欠慢化区 α_T 是负的。即温度 T_1 时,有效增殖因数为 k_{eff1},当温度升至 T_2 时,有效增殖因数为 k_{eff2},$T_2 > T_1$,此时 $k_{eff2} < k_{eff1}$

$$\alpha_T = \frac{k_{eff2} - k_{eff1}}{T_2 - T_1} = \frac{\Delta k_{eff}}{\Delta T} < 0$$

如图 4.14 所示。

　　安全性要求压水堆运行在欠慢化区,H_2O/U 由设计决定,约为 2.14,这个点正好在 k_{eff} 与 H_2O/U 的关系曲线欠慢化区的稍右边。随着温度的增加,慢化剂温度系数变为负,因此随着温度增加,不仅添加了负的反应性而且负的反应性的添加率也在增加。

　　这里解释了为什么现在压水堆核电厂堆芯结构设计成稠密栅格。尽管它是热中子反应堆,可还运行在欠慢化区,堆内中子谱较硬(即超热中子占一定比例)。这样设计可确保反应堆温度系数 α_T 为负,反应堆具有自稳可调的固有安全性。

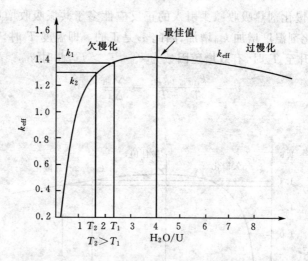

图 4.14　k_{eff} 与 H_2O/U 的关系(B)

4.7　空泡系数

在轻水堆中,冷却剂沸腾(沸水堆允许慢化剂大量沸腾,压水堆也允许慢化剂局部沸腾),产生气泡,它的密度远小于水的密度。在冷却剂中所含的蒸汽的体积百分数称为空泡分数,简称空泡率,用 x 表示。冷却剂的空泡分数变化百分之一所引起的反应性变化称为空泡反应性系数,简称空泡系数,用 α_V^M

$$\alpha_V^M = \frac{\partial \rho}{\partial x} \tag{4-24}$$

式中:ρ 为核反应堆的反应性。

空泡出现后,慢化剂的等效平均密度有所变化,设 ρ_l、ρ_g 和 ρ_d 分别为液体、汽体及汽液混合物的物理密度,它们之间应满足

$$\rho_d = (1-x)\rho_l + x\rho_g$$

因为 $\rho_g \ll \rho_l$,故有

$$\rho_d = (1-x)\rho_l \tag{4-25}$$

当空泡率 x 增加时,慢化剂的等效平均密度变小。由于水对中子的慢化作用要比吸收作用更重要,当空泡率增加时,中子谱发生变化,热中子数相对减小,所以水堆的空泡系数是负的,即空泡反应性效应是负的,这一事实特别重要。因为 $\alpha_V^M < 0$,当空泡率增加时,反应性变小,堆功率下降,引起堆芯温度下降,堆芯慢化剂沸腾受到抑制,所以水堆具有内在的安全性。

　　在压水堆中,水的局部沸腾将产生气泡,它的密度远小于水的密度,堆芯中空泡含量约为 0.5%。堆芯中形成空泡所产生的效应跟水温升高产生的效应相同。这种情况水的密度下降,使单位体积水的原子数减少,从而使堆芯的慢化能力降低。如果慢化剂中含有硼,则水的密度降低,也会使硼的密度降低。一般来说,空泡的形成,对反应性的影响可以是正的,也可以是负的,这既取决于硼的浓度,也取决于堆芯水-铀比偏离最佳点的远近。

　　运行温度下的负空泡系数从堆芯寿期末运行温度时的 $-250\mathrm{pcm}\%$,空泡随燃耗和硼浓度下降,变得更负,计算中假定了 1% 的空泡相当于慢化剂密度变化 1%。

4.8　冷却剂流量效应

　　核反应堆冷却剂流量发生变化时引起的反应性变化称为反应性流量效应,简称流量效应,流量反应性用 ρ_G 表示。

　　当核反应堆在某一功率水平下稳定运行时,堆芯将建立一个稳定的温度场,如果冷却剂流量突然发生变化,立即引起堆出口温度发生变化;而短时间内堆入口温度来不及变化,从而破坏了原来温度场分布,通过温度系数的负反馈,使堆芯立刻产生一个较大的瞬时反应性扰动。若要保持堆功率不变,就必须移动调节棒来补偿它,经过一段时间后,由于堆入口温度相对出口温度发生反向变化,补偿了一部分反应性扰动(因为调节棒的位置渐渐地减小)。新的稳定温度场逐渐建立起来,如果堆功率不变,堆芯平均温度不变,则新的温度场的进出口温度与原温度场是不同的,由于温度系数的非线性关系,必然引起反应性变化。

　　图 4.15 表示堆芯温度与堆功率的关系示意图,其中 T_o,T_i 和 T_w 分别表示堆

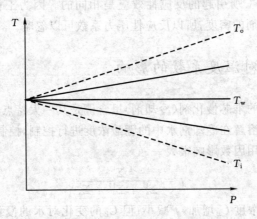

图 4.15　T-P 曲线图

芯出口、入口和平均温度。若反应堆采用维持堆芯平均温度不变的运行方式,当堆功率不变时,如果冷却剂流量增加一倍,则进出口温差减小一倍。出口温度降低引入一正反应性,而入口温度升高引入一负反应性。因为温度系数的绝对值随温度增加而增大,所以冷却剂流量增加时,流量反应性是增大的;当冷却剂流量减小时,流量反应性是减小的,即流量效应是正效应。

　　如果核反应堆功率自动调节系统没有投入或失灵时,冷却剂流量突然增加,例如,主泵从半速运行转为全速运行或备用支路投入时,由于 $\rho_G > 0$,核反应堆处在超临界状态,堆功率将迅速增加达一极大值,随后由于燃料温度系数的负反馈,使堆功率又逐渐下降,最后达到稳定,可能引起严重后果。当冷却剂流量变化过大时,引入正反应性 ρ_G 过大,会发生"短周期事故",如果流量变化前处于较高的功率运行,加上冷却剂流量增加引起的功率波动可能超过该工况下所允许的运行功率,影响热工安全。所以掌握流量效应对于防止"冷水事故"的发生,确保反应堆安全运行有重大意义。从上面分析来看,冷却剂流量效应,实质是一种温度效应。

4.9　压力系数

　　压力系数是由同一回路中压力变化引起的反应性变化,即 $\Delta\rho/\Delta p$,压力单位为 Pa(或 MPa)。影响它的机理与改变慢化剂温度系数和空泡系数的机理相同。当压力增加时,引起了慢化剂和冷却剂水的密度变化。如果冷却剂内硼浓度非常低或无硼,当一回路的压力增加时,压力系数对反应性有稍微正的影响。当硼浓度较高时,一回路压力增加,压力系数对反应性有稍微负的影响。

　　实践证明,压水堆一回路压力变化约 6.9×10^5 Pa,所引起的反应性效应与慢化剂温度变化 $0.55℃$ 所引起的反应性效应是相同的。因为工作压力的正常变化并不怎么影响慢化剂的密度,所以反应性压力系数可以忽略。

4.10　硼浓度对温度系数的影响

　　压水堆核电厂的堆芯慢化剂(冷却剂)里含硼是其一大特点。压水堆运行过程中反应性主要是由溶解在冷却剂水中的硼酸浓度进行控制,控制棒只起辅助作用。

　　硼对热中子利用因数影响很大

$$f = \frac{\Sigma_a^U}{\Sigma_a^U + \Sigma_a^M + \Sigma_a^B} \qquad (4-26)$$

　　慢化剂内硼酸浓度 C_B 增加,f 减小;但 C_B 的变化对水的慢化能力没有重大影响,因此 p 受硼浓度变化的影响也不明显。

　　因为硼酸溶解在慢化剂内,慢化剂密度的减小使一部分水和硼从堆芯被排挤出来,这降低了慢化剂的吸收,使 f 增大,这对 α_T 是正效应。

　　硼浓度还影响 f 对温度的变化率 $\left(\dfrac{\mathrm{d}f}{\mathrm{d}T}\right)$,对给定的冷却剂密度变化(减小),硼浓度越高,排挤出的硼越多。所以 $\mathrm{d}f/\mathrm{d}T$ 更大,使 α_T 负得更少。当硼浓度足够高时,$\mathrm{d}f/\mathrm{d}T$ 对 α_T 的影响比对慢化能力的减小影响大,因此 α_T 能够变正的。

　　可以通过使用可燃毒物棒来控制部分剩余反应性来防止 α_T 为正。可燃毒物棒不受慢化剂温度影响,但允许反应堆运行在 C_B 足够低的状态,以在运行温度下使 α_T 为负。

　　不同硼浓度下,k_∞ 和 f 与 H_2O/U 的关系,如图 4.16 所示。

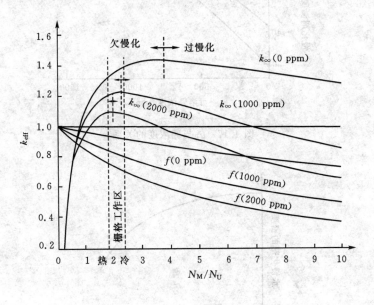

图 4.16　k_{eff} 和 f 与 H_2O/U 的关系

注:几点说明

　　①图中所列数值,仅为举例说明;

　　②燃料与慢化剂温度相等;

　　③所有控制棒提出堆芯外,无可燃毒物;

　　④ppm 为浓度单位,1ppm＝1 mg/L。

　　图 4.17 列举了几种典型温度下硼浓度与慢化剂温度系数的关系。由于一般情况下慢化剂温度系数是负的,所以硼浓度的增加使慢化剂温度系数朝正的方向变化,负得更少一些。系数 α_T 的影响很小(与较高的运行温度相比),这是因为水

的密度,在低温时堆芯内的硼原子数变化不多。图 4.18 表示了在较高温度下慢化剂密度变化加快,密度变化速率增加使 α_T 增大。

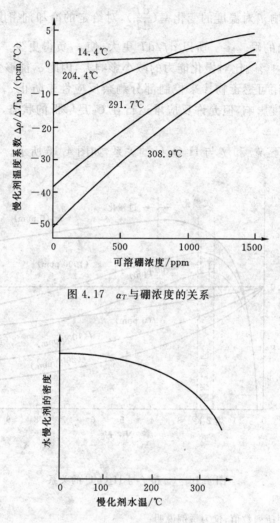

图 4.17　α_T 与硼浓度的关系

图 4.18　水密度与温度的关系

　　图 4.19 给出了几种硼浓度下慢化剂温度系数 α_T 与慢化剂温度的关系。这曲线对一些必要的计算是很有用的,从图上可以见到,在给定的温度下,向慢化剂中加硼(即硼浓度增加),会使 α_T 负得少一点。当硼浓度大于约 1400ppm 的情况下,慢化剂温度系数会出现正值,这是违反技术规格书中对 α_T 限值的规定的。同时,从图 4.19 可以得知,低温情况下,也容易出现正的慢化剂温度系数。

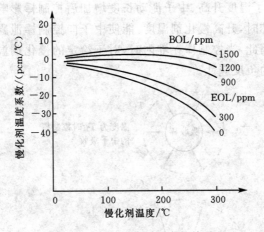

图 4.19　α_T 与慢化剂温度的关系

4.11　控制棒、可燃毒物对温度系数的影响

1. 控制棒的影响

图 4.20 给出了所有控制棒都插入时的 α_T 与温度和硼浓度的关系。该图表明,当堆内有控制棒插入时,慢化剂温度系数更负。为便于解释,将控制棒看成是中子的泄露边界。在温度增加时,水的慢化能力降低,所以中子徙动长度的这种增加只会增加堆芯周围的泄露。实际上大型压水堆的中子泄露是相当少的。

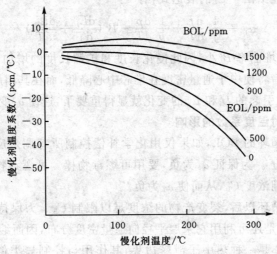

图 4.20　控制棒插入情况下的 α_T

　　图 4.21 给出了温度升高、中子徙动长度增加后控制棒影响范围增大的情况。当控制棒插入堆芯时,升高慢化剂温度,能使中子向控制棒泄露的概率变大、裂变链式反应减少。因此,当控制棒在堆内时,对于给定的慢化剂温度变化,意味着向堆芯引入了更多的负反应性。

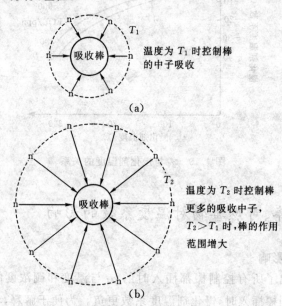

(a)

(b)

图 4.21　单根吸收棒在不同温度下的中子吸收特性

　　利用前面已经给出了 α_T 的表达式,有

$$\alpha_T \doteq \frac{1}{f}\frac{\mathrm{d}f}{\mathrm{d}T} + \frac{1}{p}\frac{\mathrm{d}p}{\mathrm{d}T} - B^2\left(\frac{\mathrm{d}L_\mathrm{f}^2}{\mathrm{d}T} + \frac{\mathrm{d}L_\mathrm{th}^2}{\mathrm{d}T}\right) \qquad (4-27)$$

无棒时,因为压水堆曲率 B^2 小,因此慢化长度和扩散长度的增加对 α_T 影响小。将控制棒插入堆芯后将使中子通量密度在堆芯中心降低,而在其四周提高,引起曲率 B^2 增加,温度变化引起的 L_f 和 L_th 的变化就显得重要了,这使 α_T 变得更负。

2. 可燃毒物对温度系数的影响

　　在燃料第一循环的 BOL,如果仅用化学补偿控制所有剩余反应性,由于硼浓度太大会使 α_T 为正。为保证 α_T 为负,要用可燃毒物棒。可燃毒物棒的使用,降低了所需要的可溶硼浓度 C_B,从而使 α_T 为负。

　　在燃料第一循环以后,裂变产物的浓度足以限制 C_B。为保持负的 α_T,不再需要可燃毒物棒,但是还可利用它来展平径向通量密度分布,因而继续影响 α_T。

　　可燃毒物棒亦是一种热中子泄露边界,其作用与控制棒类似,它的影响相当小,使 α_T 稍微更负一点。

4.12 温度系数随燃耗的变化

在堆芯寿期内,燃耗和裂变产物毒物的积累使剩余反应性减小,因而在寿期内,控制剩余反应性所需要的硼浓度也随堆芯寿期而减小。这种减小使 α_T 随堆芯寿期而变得更负。

在图 4.22 中,用曲线表示出了临界硼浓度与堆芯寿期的关系,这条曲线的变化综合了裂变产物(主要是氙和钐)、燃耗和可燃毒物棒燃耗的影响。图 4.23 给出了 α_T 与堆芯寿期的关系。

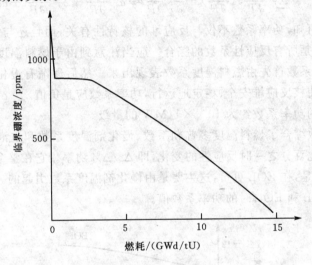

图 4.22 临界硼浓度曲线

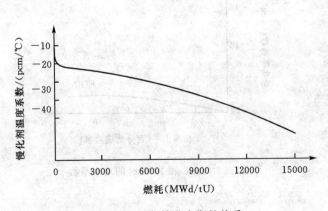

图 4.23 α_T 与堆芯寿期的关系

4.13   功率系数

核反应堆功率每变化 1MW 所引起的反应性变化称为功率系数 α_P,即

$$\alpha_P = \frac{\partial \rho}{\partial P} \qquad (4-28)$$

当核反应堆功率发生变化时,堆内核燃料温度、慢化剂温度和空泡分数就发生变化,它们的变化又引起反应性的变化时,根据功率系数的定义式(4-28)可写成

$$\alpha_P = \sum_j \left(\frac{\partial \rho}{\partial T_j}\right)\left(\frac{\partial T_j}{\partial P}\right) + \frac{\partial \rho}{\partial x}\frac{\partial x}{\partial P} \approx \alpha_T^F \frac{\partial T_F}{\partial P} + \alpha_T^M \frac{\partial T_M}{\partial P} + \alpha_V^M \frac{\partial x}{\partial P} \quad (4-29)$$

从上式可知,功率系数不仅与反应堆的核特性有关,而且还与它的热工-水力特性有关,它是所有反应性系数的综合。应当注意到由于燃料温度系数是瞬时系数,所以功率系数首先由燃料温度系数表现出来。然后逐渐有慢化剂系数等参加响应。为了使核反应堆安全、稳定地运行,功率系数应是负值。

压水堆的功率系数约为 $10^{-4} \times 1/\mathrm{MW}$ 的量级。

功率系数综合了燃料温度多普勒系数、慢化剂温度系数和空泡系数。它表示为功率每变化百分之一时反应性的变化,即 $\Delta\rho/\Delta\%$功率。它在整个堆芯寿期内总是负的,特别是,在 EOL 更负,这主要是由慢化剂温度系数引起的。图 4.24 中,给出了堆芯 BOL 和 EOL 时的功率系数值。

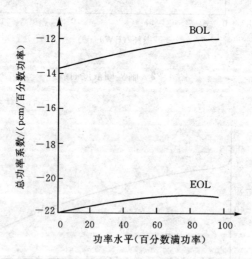

图 4.24   BOL 和 EOL 时的功率系数

　　功率系数可以表示为单独的多普勒系数、慢化剂和空泡功率系数的函数,图4.25列举了每个系数对总功率系数的相对贡献。

　　在堆芯 BOL 时,慢化剂功率系数对总功率系数贡献小,但在 EOL 时,由于临界硼浓度的减小,它变得越来越重要了。

　　多普勒功率系数,在 EOL 时稍微小一点,这是因为燃料有效温度较低的缘故。

　　空泡系数,在整个堆芯寿期内几乎是个常数,但是由于慢化剂功率系数在寿期内有相当的变化,所以在 EOL 时,空泡系数对总功率系数有较小影响。

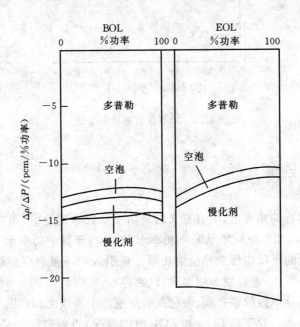

图 4.25　总功率系数

　　图 4.26 表示了在不同硼浓度下,功率系数与功率的关系。在 BOL 情况下,功率越高,功率系数负的越少,这是因为 Doppler 功率系数随功率升高而减小。但在 EOL 时,功率系数基本上不随功率变化而变化,这是因为慢化剂功率系数有较大的贡献。必须指出,不管是在 BOL,还是在 EOL,多普勒效应是非常重要的。因为燃料温度效应响应得非常快,多普勒效应对功率系数贡献的负反应性,能抑制堆芯功率的快速增长。

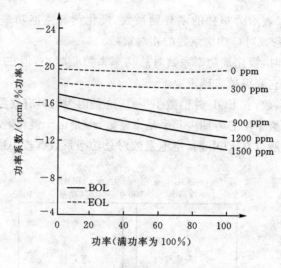

图 4.26   功率系数随功率变化

4.14   功率亏损

从核电厂运行的角度上,更有意义的是功率系数的积分值,即功率亏损(power defect)。所以,如果反应堆从某一功率水平,升高至另一功率水平时,一定得向堆芯引入一定量的正反应性来补偿由功率亏损引入的等量负反应性,才能维持反应堆在新功率水平下,进行稳态功率运行(临界)。

总功率亏损是单独的多普勒、慢化剂和空泡功率亏损之和。图 4.27 表示了这些亏损的相对大小。对于在 BOL 和 EOL 时的情况,贡献最大的是多普勒功率亏损。从 BOL 到 EOL 期间,总功率亏损是增加的,因为慢化剂功率亏损是增加的。

总功率亏损在核电厂运行中是一个重要的反应性量。核电厂稳定运行在高功率时,如果停堆功率下降至零,则表示向堆芯添加了一个较大的正反应性。在计算停堆深度时一定要用到总功率亏损;在停堆后再启动前进行估计临界条件(ECC)的反应性平衡计算时,必须要计算总功率亏损项;在反应堆功率改变时,也必须考虑总功率亏损,反应堆操纵员必须预先通过控制棒和硼浓度来调节反应性变化。

图 4.28 给出了不同硼浓度下的总功率亏损与堆功率的关系,这对运行是很有使用价值的。

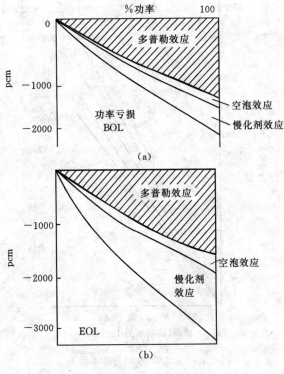

图 4.27　总功率亏损

4.15　再分布效应

为了简化计算,假设堆芯内轴向中子通量密度分布是对称的,慢化剂平均温度亏损是慢化剂平均温度随功率均匀上升所引起的反应性变化。但在实际情况中,轴向中子通量密度分布和相应的功率分布是不均匀的。再分布效应就是考虑了与轴向通量密度分布、燃耗和慢化剂温度系数的不均匀联系在一起的反应性效应。

1. BOL 的慢化剂亏损和再分布

当反应堆功率变化时,有几个因素使轴向中子通量密度分布发生偏移。在BOL 时,主要因素是慢化剂水密度随堆芯高度而减小,如图 4.29 所示。

随着水温从 T_C 增加到 T_H,水的体积膨胀了,H_2O/U 值变小。因为在 T_C 时,堆芯是欠慢化的,H_2O/U 值沿轴向下降引起 k_{eff} 值沿轴向下降。堆芯顶部增加的角反应性降低了这个区域的中子通量密度值,使中子通量密度峰向堆底偏移。

低功率时,慢化剂密度沿轴向是均匀的。因此,中子通量密度分布峰值在堆芯

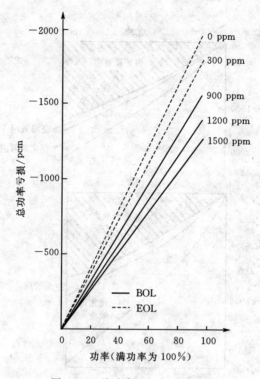

图 4.28　总功率亏损与功率关系

中央。满功率时,反应堆芯出口水温(T_H)比反应堆堆芯进口水温(T_C)高得多。较高的 T_H 使堆芯顶部的中子通量密度峰值受到抑制,从而会使中子通量密度峰值下移至堆芯高度大约 40% 的地方。

　　堆芯下半部的中子通量密度峰值产生较高的 ^{135}Xe 浓度,从满功率运行停堆后,这种高的 ^{135}Xe 浓度迫使停堆轴向中子通量密度峰值朝堆芯顶部移动。另外,功率运行一般要求控制棒部分插入,这将使中子通量密度峰值向底部移动。停堆后控制棒全部插入,这将使中子通量密度峰值向底部移动。停堆后控制棒全部插入,具有均匀分布的轴向效应。这些因素都使反应堆在功率运行时的中子通量密度峰值出现在堆芯下半部,停堆时则峰值处在堆中央或在堆芯上半部。

　　为了改善核电厂二回路系统的效率,应使慢化剂平均温度随功率线性变化。用慢化剂平均温度的增量,乘以慢化剂平均温度下的温度系数 α_T,可以得到功率亏损。但由于慢化剂温度系数 α_T 与温度有关,而且不是线性变化的,慢化剂(水)向上流过堆芯时,α_T 的大小在增加。在热态满功率,堆芯入口温度为 291.7℃,C_B＝1200ppm 时,α_T＝0;堆芯出口温度为 326.1℃,α_T 为 -19.8pcm/℃。但在计算单独的慢化剂功率亏损时,取慢化剂平均温度 308.9℃时的 α_T(-7.2pcm/℃),

这个值比堆芯平均的 $\alpha_T = -9.9\text{pcm}/℃$ 要小。

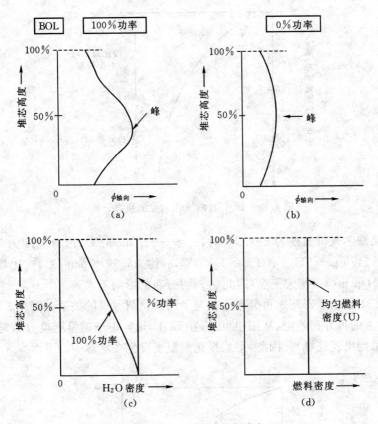

图 4.29　BOL 的再分布效应

此外,在堆芯中心平面上,慢化剂温度小于 T_{avg}。因为功率峰值在堆芯下半部,慢化剂温度在堆芯中心以下某处才等于 T_{avg},这使计算的单独的慢化剂功率亏损比实际的低。

较好的计算方法是将堆芯划分成若干个轴向区段,计算每个区段的慢化剂功率亏损。

再分布效应增加了功率亏损,在 BOL 时这种增加主要是由于上述慢化剂效应,其最坏情况的再分布效应约为 500pcm。图 4.30 给出了寿期初的再分布亏损与平均慢化剂亏损的关系。

2. EOL 的慢化剂亏损和再分布

堆芯寿期末的再分布效应并不十分明显,此时反应堆堆芯慢化剂中硼浓度已经很低了,α_T 明显地随温度变化,且其绝对值较 BOL 时的要大若干倍(甚至一个量

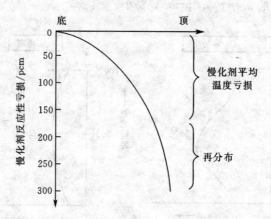

图 4.30　BOL 时的慢化剂亏损和再分布

级)。如果堆芯入口温度为 291.7℃时,$\alpha_T \approx -32.3$pcm/℃,出口温度为 326.1℃时,$\alpha_T \approx -71.9$ pcm/℃,则 $T_{avg} = 308.9$℃,α_T 约为 -57.6 pcm/℃,这比其平均值(约为 52.1 pcm/℃)稍大一点,因此 α_T 对再分布的影响不大。

　　图 4.31 给出了寿期末再分布亏损与平均慢化剂亏损的关系。图 4.32 给出了堆芯寿期末的再分布效应,从图中可见,在 EOL,轴向中子通量密度分布是比较平坦的(有可能出现驼峰)。因此,平均慢化剂温度发生在堆芯中心平面。

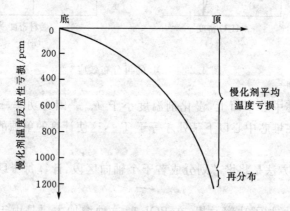

图 4.31　EOL 时的慢化剂亏损和再分布

3. EOL 轴向燃耗对再分布的影响

　　BOL 轴向多普勒效应对再分布的贡献是非常小的,因为燃料密度是均匀的,中子通量密度偏移相当小。在 EOL,功率亏损中的再分布主要是燃耗效应造成的。图 4.29 和 4.32 分别给出了 BOL 和 EOL 时的热态满功率和热态零功率下的轴向中子通量密度分布。

　　在 EOL,当反应堆功率从满功率降到零功率时,中子通量密度峰值朝着堆芯顶部偏移较大,这种偏移是堆芯燃耗不均匀的结果,而燃耗不均匀是由功率运行时插棒和堆芯底部水较冷造成的。

　　堆芯底部燃耗增加的同时,这区域的裂变产物浓度也增加,这使停堆后中子通量密度峰值朝堆芯上部偏移。

　　当反应堆从热态满功率到热停堆时,因为中子通量密度峰值从堆芯底部的低密度燃料向堆芯顶部的高密度燃料偏移,由此引入了正反应性。燃料的反应性价值正比于相对中子通量密度的平方,密度高的燃料内相对中子通量密度升高,将引入额外的正反应性。由轴向中子通量密度峰值偏移引起的这两个正反应性效应是EOL 再分布的主要贡献者。

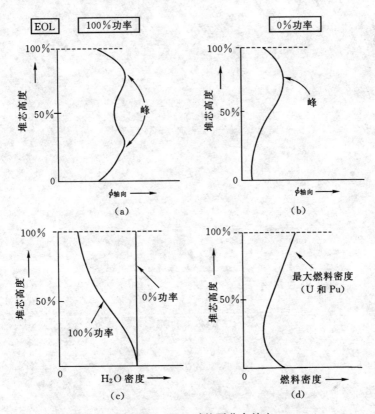

图 4.32　EOL 时的再分布效应

总之,总功率亏损曲线包括了典型的再分布效应。再分布反应性主要是由慢化剂温度沿着堆芯轴向逐渐升高引起的。再分布主要用于计算保守的停堆深度。在计算停堆的情况下对控制棒的要求时，必须将最大再分布效应加到功率亏损上，操纵员必须意识到，在停堆时，再分布会引入正反应性。利用在最不利的棒位、^{135}Xe分布和燃耗情况下所得到的最大中子通量密度峰偏移，计算再分布的价值。停堆最保守的再分布值，在 BOL 时为－500pcm；在 EOL 时为－850pcm。影响再分布的主要因素：在 BOL 时是慢化剂反应性亏损；在 EOL 时则是不均匀燃耗。

第 5 章　中毒效应

核反应堆运行过程中由于燃料核的裂变产生很多裂变产物,它们大部分都具有放射性。它们经过一系列的衰变后,又形成许多新同位素,某些同位素具有很大的热中子吸收截面,其中^{135}Xe 和^{149}Sm 特别重要,它们不仅具有很大的热中子吸收截面,而且它们的先驱核还具有较大的裂变产额。它们的产生和消失对于核反应堆的反应性及运行有着很大的影响,因此必须详细地加以讨论。其余裂变产物,由于它们的热中子吸收截面和裂变产额数值比^{135}Xe 和^{149}Sm 的相应值小得多,因此对它们只作简单讨论。

由于^{135}Xe 对中子的吸收截面与中子能量有很大的关系,它对快中子的吸收截面很小,而对热中子的吸收截面却很大,因而氙毒只对热中子反应堆有着重要意义。

本章主要讨论核反应堆运行中裂变产物的中毒效应。

5.1　核燃料同位素成分随时间的变化

正如火力发电厂中的锅炉每天要消耗大量的化学燃料——煤(或石油)一样,核电厂中的核反应堆每天也要消耗一定量的核燃料——铀和钍。根据粗略估计,一个电功率为 100 万千瓦的核电厂每天大约要消耗 3 公斤左右的^{235}U(或^{239}Pu)。

在反应堆运行过程中,易裂变核素不断地消耗,同时可转换材料(如^{238}U 或钍^{232}Th)俘获中子后又转换成新的易裂变核素(如^{239}Pu 或^{233}U)。因此,核燃料中各种重同位素的原子核密度将随反应堆运行时间不断变化。核燃料的燃耗链与所采用的燃料循环类型有关。图 5.1 给出了目前热中子反应堆铀-钍燃料循环过程中的燃耗链示意图。

应当指出,图 5.1 所列出的燃耗链是经过简化的,其中略去了半衰期比较短的或者吸收截面比较小的中间同位素,而保留了工程计算中有重要意义的同位素。

一般地,如核素 A 的产生和消失都有两种途径,如图 5.2 所示。根据图 5.2 可直接写出核素 A 的原子核密度随时间变化的方程式

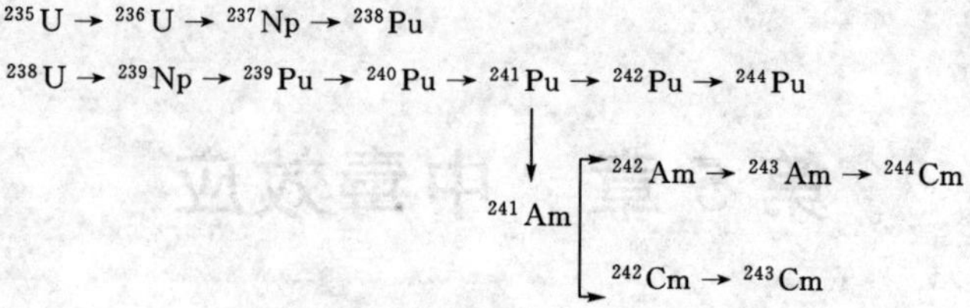

$$^{235}\text{U} \rightarrow {}^{236}\text{U} \rightarrow {}^{237}\text{Np} \rightarrow {}^{238}\text{Pu}$$

$$^{238}\text{U} \rightarrow {}^{239}\text{Np} \rightarrow {}^{239}\text{Pu} \rightarrow {}^{240}\text{Pu} \rightarrow {}^{241}\text{Pu} \rightarrow {}^{242}\text{Pu} \rightarrow {}^{244}\text{Pu}$$

$$^{241}\text{Am} \begin{cases} {}^{242}\text{Am} \rightarrow {}^{243}\text{Am} \rightarrow {}^{244}\text{Cm} \\ {}^{242}\text{Cm} \rightarrow {}^{243}\text{Cm} \end{cases}$$

图 5.1　铀-钚燃料循环中重同位素燃耗链

$$\frac{\mathrm{d}N_A}{\mathrm{d}t} = 产生率 - 消失率$$

$$\qquad\qquad (5-1)$$

$$= N_c \sigma_{\mathrm{r,c}} \varphi + \lambda_B N_B - N_A \sigma_{\mathrm{a,A}} - \lambda_A N_A$$

式中:右边第一项为核素 C 吸收中子而形成核素 A 的产生率;第二项为核素 B 衰变而形成核素 A 的产生率;第三、四项分别为核素 A 由于吸收中子和衰变而造成的消失率。

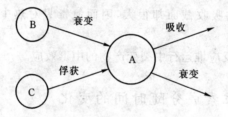

图 5.2　同位素 A 的产生和消失示意图

根据图 5.1 的重同位素链对每一个同位素写出如式(5-1)那样的方程,得到一个方程组,称为重同位素的燃耗方程。如,对于^{235}U,^{238}U 和^{239}Pu,可分别得到以下燃耗方程

$$\begin{cases} \dfrac{\mathrm{d}}{\mathrm{d}t} N^{25}(t) = -N^{25}(t) \sigma_{\mathrm{a}}^{25} \phi(t) \\[2mm] \dfrac{\mathrm{d}}{\mathrm{d}t} N^{28}(t) = -N^{28}(t) \sigma_{\mathrm{a}}^{28} \phi(t) \\[2mm] \dfrac{\mathrm{d}}{\mathrm{d}t} N^{49}(t) = \sigma_{\mathrm{r}}^{28} N^{28}(t) - \sigma_{\mathrm{a}}^{49} \phi(t) N^{49}(t) \end{cases} \qquad (5-2)$$

联立求解燃耗方程便可得核燃料中各种重同位素原子核密度随时间的变化,如图 5.3 所示。

从图 5.3 可见,在易裂变同位素^{235}U 成分不断减少的同时,另一种易裂变同位素^{239}Pu 成分却在增加。随着堆芯燃耗的不断加深,^{239}Pu 的裂变可产生更大的功

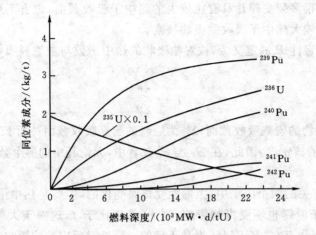

图 5.3　燃料中的主要同位素原子核密度随时间的变化

率,从而降低了^{235}U 的燃耗速度。在燃耗较深的情况,对能量的输出有贡献的易裂变同位素主要包括^{235}U,^{239}Pu 和^{241}Pu;当燃耗低于 20000 MW·d/tU 时,输出能量主要是^{235}U 核裂变的贡献;而燃耗高于 30000 MW·d/tU 时,输出的能量中^{239}Pu 核裂变起着相当作用。

5.2　裂变产物的中毒

在^{235}U 核裂变过程中,将形成很宽的裂变谱(大约 200 种核素),如图 5.4 所示。对每一质量数的裂变产物,都有其相对应的裂变产额(即某一质量数的裂变产物在核裂变总产物中所占的百分数)。各种裂变碎片实际上多是进行 β^- 衰变的放

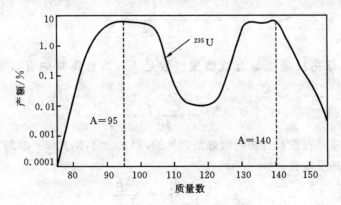

图 5.4　^{235}U 裂变产额曲线

射性同位素。很多裂变碎片具有比较大的热中子吸收截面,也有不少裂变碎片可以衰变成具有较大热中子吸收截面的核素。

反应堆内毒性 P 的定义为,被毒物吸收的热中子数与被燃料吸收的热中子数的比值

$$P \equiv \frac{\Sigma_a^P}{\Sigma_a^U} \tag{5-3}$$

式中:Σ_a^P 为毒物的宏观吸收截面;Σ_a^U 为燃料的宏观吸收截面。而 $\Sigma_a^P = N_P \cdot \sigma_a^P$,其中 N_P 为毒物的核密度,因此,在 N_P 与 σ_a^P 二者中,无论其中的哪个数值大,都反映了毒性是大的。

在与 k_∞ 有关的四个因子中,因毒性变化而变化的,主要是热中子利用因数 f。因此,如果中子泄露也不受毒物影响,则 k_{eff} 就正比于 f,这对于大多数反应堆来讲,不论有无毒物存在,都可以认为是正确的。毒性对反应性的影响表现在对热中子利用因数上。

假设反应堆内中子通量密度是均匀分布的,无毒物时

$$f = \frac{\Sigma_a^U}{\Sigma_a^U + \Sigma_a^m + \Sigma_a^s} \tag{5-4}$$

有毒物时

$$f' = \frac{\Sigma_a^U}{\Sigma_a^U + \Sigma_a^m + \Sigma_a^s + \Sigma_a^p} \tag{5-5}$$

式中:Σ_a^m 为慢化剂的宏观吸收截面;Σ_a^s 为结构材料的宏观吸收截面。式(5-4)和(5-5)中,分子、分母都除以 Σ_a^U,则得

$$f = \frac{1}{1 + \dfrac{\Sigma_a^m + \Sigma_a^s}{\Sigma_a^U}} \tag{5-6}$$

$$f' = \frac{1}{1 + \dfrac{\Sigma_a^P}{\Sigma_a^U} + \dfrac{\Sigma_a^m + \Sigma_a^s}{\Sigma_a^U}} \tag{5-7}$$

如果无毒物反应堆的有效增殖因数是 k_{eff},而有毒物的有效增殖因数是 k'_{eff},则

$$\frac{k'_{eff} - k_{eff}}{k'_{eff}} = \frac{f' - f}{f'} = -\frac{P}{1+y} \tag{5-8}$$

如果反应堆在没有毒物时恰好是临界的,即 $k_{eff} = 1$,则式(5-8)的左侧就相当于毒物导致的反应性 ρ

$$\rho = \frac{k'_{eff} - 1}{k'_{eff}} = -\frac{P}{1+y} \tag{5-9}$$

在典型的压水堆堆芯里，一般 y 是很小的一个分数，很接近于 0（约 0.0082）。所以，由于裂变产物的存在，所导致的负反应性大致就等于毒性。

5.3　^{135}Xe 中毒

^{135}Xe 是所有裂变产物中最重要的一种核素，这是因为它的热中子吸收截面非常大，如图 5.5 所示。从该图可知，当中子能量为 0.025eV 时，^{135}Xe 的微观吸收截面为 2.7×10^6b 左右，而且在中子能量为 0.08eV 处有一个大的共振峰，整个热能区内它的平均吸收截面大约为 3×10^6b。但在高能区，^{135}Xe 的吸收截面随中子能量的增加而显著地下降，因而在快中子反应堆中，氙中毒的影响是比较小的。

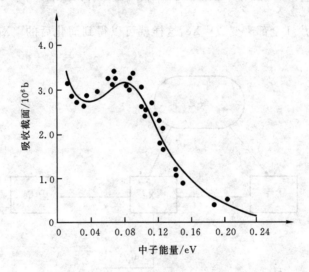

图 5.5　^{135}Xe 的吸收截面与中子能量的关系

在 ^{235}U 核裂变时，^{135}Xe 的直接产额为 0.00228，但是它的先驱核的直接裂变产额很高，它们经过 β^- 衰变后形成 ^{135}Xe。图 5.6 给出了质量数为 135 的裂变产物的衰变链。

从图 5.6 可知，^{135}Sb 和 ^{135}Te 的半衰期非常短，可以忽略它们在中间过程的作用，把 ^{135}Sb 和 ^{135}Te 的裂变产额与 ^{135}I 的直接裂变产额之和作为 ^{135}I 的裂变产额，即 $\gamma_I=\gamma_{Sb}+\gamma_{Te}+\gamma_{I0}$（其中 γ_{I0} 为 ^{135}I 的直接裂变产额）。另外，忽略短寿命的 ^{135}Xe 的同质异能素（^{135m}Xe）的存在。由于 ^{135}I 的热中子微观吸收截面仅为 8b，它的半衰期也只有 5.7h，因此，在热中子通量密度为 10^{18} m^{-2}s^{-1} 的时候 $\sigma_a^I/\lambda_I\approx10^{-4}$，可见碘吸收热中子引起的损失率远小于它的衰变引起的损失率。因此可以忽略 ^{135}I 对热中

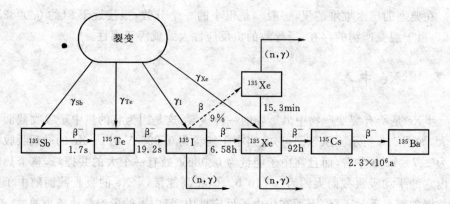

图 5.6 质量数为 135 的裂变产物的裂变链

子的吸收，认为^{135}I 全部衰变成^{135}Xe，这样就可以得到简化后的^{135}Xe 衰变图，如图 5.7 所示。

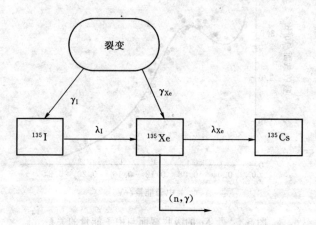

图 5.7 简化后的^{135}Xe 衰变图

以单组中子为例，根据图 5.7 可以写出^{135}I 和^{135}Xe 的浓度随时间的变化的方程

$$\frac{dN_I(t)}{dt} = r_I \Sigma_f \varphi - \lambda_I N_I(t) \tag{5-10}$$

$$\frac{dN_{Xe}(t)}{dt} = \gamma_{Xe} \Sigma_f \varphi + \lambda_I N_I(t) - (\lambda_{Xe} + \sigma_a^{Xe}) N_{Xe}(t) \tag{5-11}$$

式中：$N_I(t)$，$N_{Xe}(t)$ 分别为^{135}I，^{135}Xe 时刻的浓度；γ_I，γ_{Xe} 分别为碘^{135}I，^{135}Xe 裂变产额；Σ_f 为堆内燃料物质的热中子平均宏观裂变截面；而 ϕ 为堆内平均热中子通量密度。式(5-10)右方第一项表示^{135}I 由于裂变的生成率，第二项表示^{135}I 由于衰

变的损失率。式$(5-11)$右方第一项为^{135}Xe 由于裂变的产生率,第二项为^{135}I 的产生率,第三、四项为^{135}Xe 由于衰变及吸收热中子的损失率。γ_I,γ_{Xe},λ_I 和 λ_{Xe} 的数值如表 5.1 所示。

表 5.1　^{135}I,^{135}Xe 和 ^{149}Pm 的裂变产额和衰变常数

裂变产物	裂变产额 $\lambda/\%$				衰变常数 λ/s^{-1}
	^{233}U	^{235}U	^{239}Pu	^{241}Pu	
^{135}I	4.884	6.386	6.100	7.694	2.87×10^{-5}
^{135}Xe	1.363	0.228	1.087	0.255	2.09×10^{-5}
^{149}Pm	0.66	1.13	1.19		3.58×10^{-6}

5.4　平衡 ^{135}Xe 中毒

热中子反应堆在一定功率水平稳定运行一段时间(约 4h)后,堆内 ^{135}I,^{135}Xe 核的产生率与损失率达到动态平衡,此时 ^{135}Xe 的核密度不变,堆处于平衡中毒状态。

设平衡态的中子通量密度为 ϕ_0,^{135}I 和 ^{135}Xe 的核密度(或称浓度)分别为 N_I^0,N_{Xe}^0,于是令式$(5-10)$和式$(5-11)$中的 $dN_I(t)/dt$ 及 $dN_{Xe}(t)/dt$ 等于零可得

$$N_I^0 = \frac{\gamma_I \Sigma_f \phi_0}{\lambda_I} \tag{5-12}$$

$$N_{Xe}^0 = \frac{\lambda_I N_I^0 + \gamma_{Xe}\Sigma_f \phi_0}{\lambda_{Xe} + \sigma_a^{Xe}\phi_0} = \frac{\gamma\Sigma_f \phi_0}{\lambda_{Xe} + \sigma_a^{Xe}\phi_0} \tag{5-13}$$

式中:$\gamma = \gamma_I + \gamma_{Xe}$。按毒性的定义,平衡氙的毒性为

$$\Delta\rho_{Xe}^0 = -\frac{\sigma_a^{Xe} N_{Xe}^0}{\Sigma_{aF}} = -\frac{\gamma\Sigma_f \phi_0}{(\phi_{Xe} + \phi_0)\Sigma_{aF}} \tag{5-14}$$

式中:$\phi_{Xe} = \lambda_{Xe}/\sigma_a^{Xe}$。由此可知,平衡氙中毒与热中子通量密度有关,因而也就与反应堆功率有关。当反应堆在低功率下运行时,平衡氙中毒可以忽略不计;但在高功率下运行时(如 $\phi > 10^{14} \sim 10^{15}\,cm^{-2}\,s^{-1}$,此时 $\lambda_{Xe}/\sigma_a^{Xe}$ 与 ϕ 相比可以忽略),平衡氙中毒与热中子通量密度无关,且达到一个可观的数值(在典型压水堆中 $\Sigma_f/\Sigma_a = 0.6 \sim 0.8$,$\Delta\rho_{Xe}(\infty) = 0.04 \sim 0.05$)。图 5.8 表示在某反应堆平衡氙中毒与运行功率之间的关系。而图 5.9 则是从零功率阶跃到不同功率时氙毒性随时间的变化。

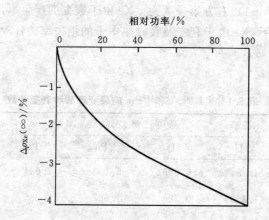

图 5.8　某反应堆中平衡氙中毒与运行功率的关系

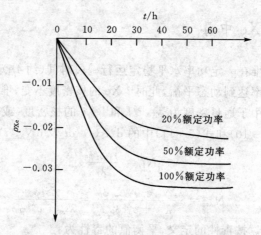

图 5.9　某压水堆平衡氙中毒与堆功率的关系

5.5　核反应堆功率启动时的 ^{135}Xe 中毒

对于一个新的反应堆，^{135}I 和 ^{135}Xe 的初始浓度都等于零。若核反应堆在 $t=0$ 时刻启动，并迅速到达特定功率，这样，就可以近似的认为在 $t=0$ 时刻中子通量密度瞬时地达到特定值 ϕ，并且一直保持不变，利用式（5-10）和式（5-11）以及初始条件 $N_I(0)=N_{Xe}(0)=0$，可求得核反应堆启动后，^{135}I 和 ^{135}Xe 的浓度随时间的变化为

$$N_{\mathrm{I}}(t) = \frac{\gamma_{\mathrm{I}} \Sigma_{\mathrm{f}} \phi}{\lambda_{\mathrm{I}}} [1 - \exp(-\lambda_{\mathrm{I}} t)] \tag{5-15}$$

$$N_{\mathrm{Xe}}(t) = \frac{\gamma \Sigma_{\mathrm{f}} \phi}{\lambda_{\mathrm{Xe}} + \sigma_a^{\mathrm{Xe}} \phi} \{1 - \exp[-(\lambda_{\mathrm{Xe}} + \sigma_a^{\mathrm{Xe}} \phi) t]\}$$

$$+ \frac{\gamma_{\mathrm{I}} \Sigma_{\mathrm{f}} \phi}{\sigma_a^{\mathrm{Xe}} \phi + \lambda_{\mathrm{Xe}} - \lambda_{\mathrm{I}}} \{\exp[-(\lambda_{\mathrm{Xe}} + \sigma_a^{\mathrm{Xe}} \phi) t] - \exp(-\lambda_{\mathrm{I}} t)\} \tag{5-16}$$

由此可知,核反应堆启动后,^{135}I 和 ^{135}Xe 的浓度随运行时间的增加而增大,如图 5.10 所示,当 t 足够大(约 48h)后,上述两式的指数项都趋于零,^{135}I 和 ^{135}Xe 都达到了平衡浓度

$$N_{\mathrm{I}}(\infty) = \frac{\gamma_{\mathrm{I}} \Sigma_{\mathrm{f}} \phi}{\lambda_{\mathrm{I}}} \tag{5-17}$$

$$N_{\mathrm{Xe}}(\infty) = \frac{\gamma \Sigma_{\mathrm{f}} \phi}{\lambda_{\mathrm{Xe}} + \sigma_a^{\mathrm{Xe}} \phi} \tag{5-18}$$

式中:$\gamma = \gamma_{\mathrm{I}} + \gamma_{\mathrm{Xe}}$。

图 5.10 给出 $\phi = 10^{14}\,\mathrm{cm}^{-2}\,\mathrm{s}^{-1}$ 和 $\Sigma_{\mathrm{f}} = 0.10\,\mathrm{m}^{-1}$ 时,$N_{\mathrm{I}}(t)$ 和 $N_{\mathrm{Xe}}(t)$ 的曲线,从图上可知,核反应堆在稳定功率状态下,运行约 40h 之后,^{135}I 和 ^{135}Xe 的浓度已经接近它们的平衡浓度了。

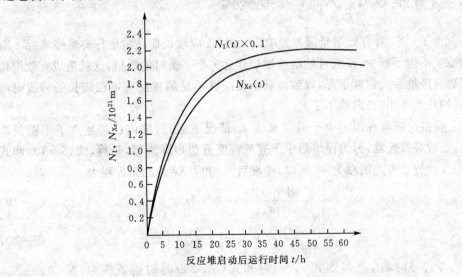

图 5.10　核反应堆启动后,^{135}I 和 ^{135}Xe 的浓度随时间的变化曲线

根据毒性的定义,可得到核反应堆启动后氙毒反应性随时间变化的规律,如图 5.11 所示。

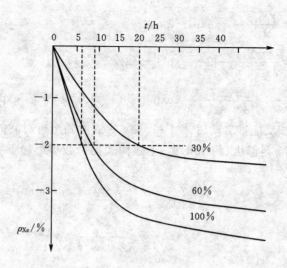

图 5.11 ρ_{Xe} - t 曲线

5.6   停堆后的 ^{135}Xe 中毒与碘坑

由于 ^{135}Xe 对有效增殖因数影响很大,核反应堆长期稳定运行突然停堆后 ^{135}Xe 的浓度不但不减少,反而可能继续增加到远大于平衡时的数值,这就造成有效增殖因数在停堆后大幅度下降,以致使剩余反应性不足的核反应堆在较长的一段时间内(约几十个小时)启动不了。

设核反应堆在恒定中子通量密度 ϕ_0 情况下运行,堆内已经建立了平衡氙浓度,然后突然停堆,因为停堆后中子通量密度近似地降为零,显然,式(5-10)和式(5-11)与 ϕ 有关的项为零,所以,停堆后 ^{135}I 和 ^{135}Xe 的动态方程为

$$\frac{\mathrm{d}N_I(t)}{\mathrm{d}t} = -\lambda_I N_I(t) \tag{5-19}$$

$$\frac{\mathrm{d}N_{Xe}(t)}{\mathrm{d}t} = \lambda_I N_I(t) - \lambda_{Xe} N_{Xe}(t) \tag{5-20}$$

令停堆时刻 $t=0$,则式(5-19)和式(5-20)的初始条件为:$N_I(0) = N_I^0$,$N_{Xe}(0) = N_{Xe}^0$,其中 N_I^0 和 N_{Xe}^0 分别为停堆前堆内的 ^{135}I 和 ^{135}Xe 的平衡浓度。

方程组(5-19)和(5-20)的解为

$$N_I(t) = N_I^0 \exp(-\lambda_I t) \tag{5-21}$$

$$N_{Xe}(t) = N_{Xe}^0 \exp(-\lambda_{Xe} t) + \frac{\lambda_I N_I^0}{\lambda_I - \lambda_{Xe}} [\exp(-\lambda_{Xe} t) - \exp(-\lambda_I t)] \tag{5-22}$$

将 N_I^0 和 N_{Xe}^0 的值代入式(5-22)可得

$$N_{Xe}(t) = \Sigma_f \phi_0 \left\{ \frac{\gamma}{\lambda_{Xe} + \sigma_a^{Xe}\phi_0} \exp(-\lambda_{Xe}t) + \frac{\gamma_I}{\lambda_I - \lambda_{Xe}} \left[\exp(-\lambda_{Xe}t) - \exp(-\lambda_I t) \right] \right\}$$

$$(5-23)$$

根据毒性的定义,可得氙毒反应性的变化规律。

为了分析停堆后 ^{135}Xe 中毒的变化规律,首先将式(5-23)对 t 求导,然后令 $t=0$ 得

$$\left. \frac{dN_{Xe}(t)}{dt} \right|_{t=0} = \left(\frac{\gamma_I \sigma_a^{Xe}\phi_0 - \gamma_{Xe}\lambda_{Xe}}{\lambda_{Xe} + \sigma_a^{Xe}\phi_0} \right) \Sigma_f \phi_0 \qquad (5-24)$$

因为

$$\frac{\Sigma_f \phi_0}{\lambda_{Xe} + \sigma_a^{Xe}\phi_0} > 0$$

所以只要

$$\phi_0 < \frac{\gamma_{Xe}\lambda_{Xe}}{\gamma_I \sigma_a^{Xe}} = 2.76 \times 10^{11} \text{cm}^{-2} \cdot \text{s}^{-1}$$

则

$$\left. \frac{dN_{Xe}(t)}{dt} \right|_{t=0} < 0$$

在这种情况下,停堆后 ^{135}Xe 的浓度是下降的,所以不可能出现最大氙中毒的现象。

反之,当 $\phi_0 > 2.76 \times 10^{11}$ cm^{-2} · s^{-1} 时,停堆后的一段时间内 ^{135}Xe 的浓度是上升的。典型的压水堆在额定功率下运行时,其中子通量密度水平约为 10^{13} cm^{-2} · s^{-1},即 ϕ_0 总是满足这个条件的,所以在刚停堆后的一段时间内,^{135}Xe 的中毒总是上升的。

从图 5.7 可知,在反应堆运行时,^{135}Xe 的产生有两条途径,即由燃料核裂变直接产生 ^{135}Xe 和 ^{135}I 的 β^{-1} 衰变而生成 ^{135}Xe,前者与反应堆的中子通量密度有关。由于 ^{135}Xe 的裂变产额比较小,而且只要反应堆运行 2 天以后,^{135}I 已达到饱和浓度,这时 ^{135}Xe 主要是由 ^{135}I 通过 β^{-1} 衰变生成的。^{135}Xe 的消失也有两条途径,即由于吸收中子和 β^{-1} 衰变而消失,前者也与反应堆的中子通量密度有关。当反应堆中平均热中子通量密度值为 0.756×10^{13} cm^{-2} · s^{-1} 的时候,由 ^{135}Xe 吸收中子与 ^{135}Xe 的 β^{-1} 衰变所引起的消失率刚好相等。但在动力热中子反应堆中,平均热中子通量密度一般都大于这个值,因此在正常功率运行时,^{135}Xe 的消失主要是靠吸收中子而消失。

在反应堆停堆后,中子通量密度可认为是零,因此裂变对于 ^{135}Xe 的直接产生率也近似为零,但反应堆中所存在的 ^{135}I 将继续衰变成 ^{135}Xe,而 ^{135}Xe 却不能由吸收中了而消失,它只能通过 β^{-1} 衰变而消失。另一方面,由于 ^{135}Xe 的半衰期大于 ^{135}I

的半衰期,因而在停堆后的一段时间内,^{135}Xe 的浓度将增加。但是,由于在停堆后没有新的 ^{135}I 产生,^{135}I 的浓度将由于衰变而逐渐减小,因此,^{135}Xe 的浓度不会无限地增加,当它达到某极值后,^{135}Xe 的浓度将逐渐减小。

　　停堆后 ^{135}Xe 从平衡浓度上升到最大浓度所需要的时间称为最大氙浓度发生时间,用 t_{max} 来表示。t_{max} 与停堆前的通量水平有关,也就是说与停堆前运行功率有关。在高热中子通量密度下运行的反应堆中,t_{max} 约为 11 小时。

　　图 5.12 是停堆前后 ^{135}Xe 浓度和剩余反应性随时间变化的示意图。从图中可知,停堆后 ^{135}Xe 的浓度先是增加到最大值,然后逐渐地减小;剩余反应性随时间变化则与 ^{135}Xe 浓度的变化刚好相反,先是减小到最小值,然后逐渐增大,通常把这一现象称为"碘坑"。因为这一现象主要是由于停堆后 ^{135}I 继续衰变成 ^{135}Xe 所引起的。从停堆时刻开始到剩余反应性又回升到停堆时刻的值时所经历的时间称为碘坑时间,以 t_1 表示。在整个碘坑期内,若剩余反应性还大于零,则反应堆还能靠移动控制棒来启动,这段时间称为允许停堆时间,以 t_p 表示。若过剩反应性小于或等于零,则反应堆无法启动,这段时间称为强迫停堆时间,以 t_f 表示。

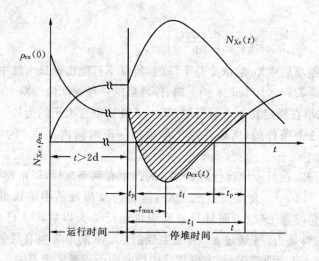

图 5.12　停堆前后,^{135}Xe 浓度和剩余反应性随时间变化的示意图

　　停堆后反应堆剩余反应性下降到最小的程度称为碘坑深度。碘坑深度与反应堆停堆前运行的热中子通量密度密切有关,热中子通量密度愈大,碘坑深度愈深。图 5.13 表示了在不同热中子通量密度水平状态下运行的反应堆,在停堆后氙中毒随时间的变化曲线。从图中可知,若中子通量密度水平状态下小于 10^{13} cm^{-2}·s^{-1},则停堆后氙中毒变化很小;若热中子通量密度大于 10^{14} cm^{-2}·s^{-1},则停堆后氙中毒变化很显著(也即碘坑深度很深)。如停堆前反应堆的剩余反应性不足以补偿碘坑深

度,就会出现强迫停堆现象。

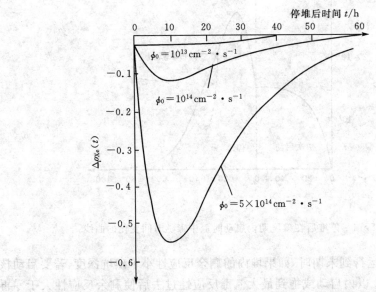

图 5.13   在不同的热中子通量密度水平下,停堆后氙中毒随时间变化曲线

　　停堆后氙中毒变化还与停堆方式有关。如果不是采取突然停堆的方式,而是采取用逐渐的降低功率的方式来停堆,那么就会有一部分^{135}Xe 和^{135}I 在停堆过程中因吸收中子和衰变而消耗掉,所以其停堆后的碘坑深度要比紧急停堆方式的碘坑深度浅得多。

　　如果在停堆后还存在大量^{135}Xe 的情况下又重新启动反应堆,那么由于中子通量密度突然增加,^{135}Xe 将大量地消耗,它的浓度很快地下降,因而氙中毒迅速地减小,如图 5.14 所示。这时堆内的剩余反应性迅速增加,原来启动时提起的控制棒又要插到足够的深度,以补偿由于^{135}Xe 浓度减小而引起的反应性增加。

　　在“碘坑”下启动核反应堆要特别小心,因为这时候堆内^{135}Xe 的浓度比较大,由于中子通量密度突然增加,^{135}Xe 的吸收中子将大量消耗,堆内迅速放出正反应性,使堆内的过剩反应性很快增加,这时,虽然自动棒会自动跟踪下降,但跟踪范围有限(受自动控制棒价值所限),有时可能跟踪不上,就会造成事故。

　　图 5.15 表示在碘坑下启动核反应堆时,氙毒反应性的变化情况。从图 5.15 可知,当在坑底下启动核反应堆时,提升的功率愈高,氙毒下降就愈快,因而在极短的时间内放出很大的正反应性。这样大的反应性变化,自动控制棒跟踪不上是完全有可能的。如果一定要在碘坑下启动核反应堆,务必小心谨慎,并采取必要的措施。

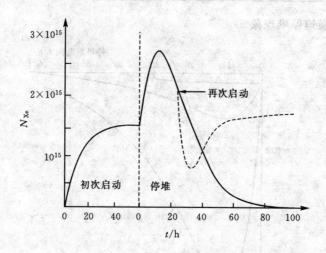

图 5.14　停堆后在碘坑期内启动时氙中毒随时间变化的曲线

当核反应堆运行到末期时,如果堆内的剩余反应性小于碘坑深度,若要启动核反应堆,必须在 t_p 以内启动或拖到最大氙毒反应性过去后使剩余反应性大于零再启动。因此,当核反应堆工作到末期时,运行人员必须了解堆内尚有多少剩余反应性,可克服多大的氙毒,从而确定核反应堆的允许运行功率水平以及合理的停堆方式(如逐级降功率停堆),使核反应堆能够随时启动,以保证核动力装置的机动性。

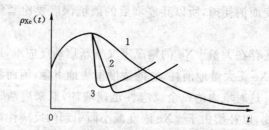

图 5.15　碘坑下启动时氙毒反应性的变化示意图
1—正常启动;2—启动功率低;3—启动功率高

5.7　功率变化时的 ^{135}Xe 中毒

设核反应堆在某一功率水平上稳定运行一段时间,在 $t=0$ 时刻,突然改变其功率,使核反应堆的热中子通量密度从 ϕ_1 变到 ϕ_2,堆芯内的 ^{135}I 和 ^{135}Xe 的浓度也要发生相应的改变。解方程组(5-10)和(5-11)时,其初始条件为

$$N_I(0) = N_I^0 \; ; \; N_{Xe}(0) = N_{Xe}^0$$

式中：N_I^0 和 N_{Xe}^0 分别为 ^{135}I 和 ^{135}Xe 在热中子通量密度 ϕ_1 时的平衡浓度。在满足这些初始条件的情况下，方程组（5 - 10）和（5 - 11）的解分别为

$$N_I(t) = \frac{\gamma_I \Sigma_f \phi_2}{\lambda_I} \left[1 - \left(\frac{\phi_2 - \phi_1}{\phi_2} \right) \exp(-\lambda_I t) \right] \tag{5 - 25}$$

$$N_{Xe}(t) = \frac{\gamma \Sigma_f \phi_2}{\lambda_{Xe}^*} \left\{ 1 - \left(1 - \frac{\phi_1}{\phi_2} \right) \left[\frac{\lambda_{Xe}}{\lambda_{Xe} + \sigma_a^{Xe} \phi_1} \exp(-\lambda_{Xe} t) \right] \right\} \tag{5 - 26}$$
$$+ \left(1 - \frac{\phi_1}{\phi_2} \right) \frac{\gamma_I \Sigma_f \phi_2}{\lambda_{Xe}^* - \lambda_I} \left[\exp(-\lambda_{Xe}^* t) - \exp(-\lambda_I t) \right]$$

式中：$\gamma = \gamma_{Xe} + \gamma_I$，$\lambda_{Xe}^* = \lambda_{Xe} + \sigma_a^{Xe} \phi_2$。

图 5.16 表示了当核反应堆改变功率后，^{135}I 浓度、^{135}Xe 浓度和剩余反应性随时间的变化。

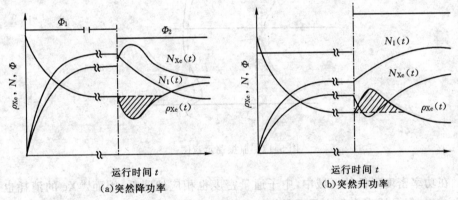

图 5.16　功率变化前后，^{135}I 和 ^{135}Xe 浓度和剩余反应性随时间变化示意图

从图 5.16 可知，当功率突然降低后，^{135}Xe，^{135}I 和过剩反应性随时间变化的曲线，形状与突然停堆的情况很相似，只是变化程度上有差别；当功率突然升高后，^{135}I，^{135}Xe 和剩余反应性随时间的变化与堆功率突然下降的情况刚好相反。

必须指出，碘坑反应性当量不仅与停堆前运行功率水平有关且与燃耗期有关。在寿期末期，由于核燃料的消耗，平均热中子通量密度比初期要增高约 15%，平衡氙的反应性当量和碘坑反应性当量都相应有所增加。

5.8　氙振荡

在大型热中子反应堆中，局部区域内中子通量密度的变化会引起局部区域 ^{135}Xe 浓度和局部中子平衡关系的变化。反过来，这种变化也会引起中子通量的变

化。这两者之间的相互作用就有可能使堆芯中^{135}Xe浓度和中子通量密度分布产生空间振荡现象。

　　为了定性地解释这个现象,考虑一个初始功率密度分布比较平坦的大型热中子反应堆,假设此时堆内已建立了平衡氙浓度。在反应堆输出总功率不变的情况下,在堆芯某一区域中由于某种扰动使功率密度降低,那么要保持反应堆的总功率不变,堆芯的另一区域的功率密度必然要提高。这就使堆内中子通量密度分布或功率密度分布发生变化,如图 5.17 中(a)所示。

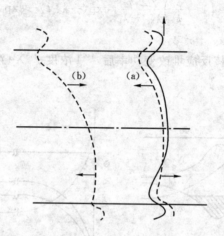

图 5.17　氙振荡示意图

　　在功率密度降低的区域中,中子通量密度也相应地降低,因而^{135}Xe的消耗也随之减少,但是原来在高中子通量密度情况下生成的^{135}I仍在继续地衰变成^{135}Xe,所以^{135}Xe的浓度便逐渐地增加,这就使该区的中子吸收增大,从而使中子通量密度和功率密度又进一步地降低……。与此同时,在功率密度升高的区域中,中子通量密度也相应地升高,^{135}Xe的消耗变大,因此氙的浓度开始减小,这就导致该区的中子吸收减少,从而使功率密度和中子通量密度进一步地升高。

　　但是必须注意到,这些过程并不会单向地无限制地发展下去。有两个因素限制着它的变化:一是,在中子通量密度分布进一步倾斜后,形成了中子通量密度的梯度,中子通量密度高的区域向中子通量密度低的区域有一个净的中子流,这使中子通量密度趋向平坦一些;二是,在中子通量密度下降的区域内,^{135}I的产生量也相应地减少,因而它衰变成^{135}Xe的量也减少,这就使^{135}Xe的浓度由原来增加逐渐转为减小,相应地,该区的中子吸收由原来增加逐渐转为减少,从而使该区的中子通量密度和功率密度由原来下降转为上升。而在中子通量密度上升的区域内的情况与上述的刚好相反,该区^{135}Xe的浓度由原来减小转为增加,中子通量密度由原来上升转为下降,如图 5.14(b)所示。这样,中子通量密度(或功率密度)变化将沿着与原来相反的方向进行,并重复地循环下去。这就形成了功率密度、中子通量密度和 ^{135}Xe 浓度的空间振荡,简称氙振荡。这种振荡可能是稳定的,也可能是不稳定的,这将取决于反应堆的中子通量密度水平和它的物理特性。图 5.18 形象地给出了反应堆内由于氙振荡引起的功率振荡图,可以看出氙振荡的周期大约是 15～30 小时。

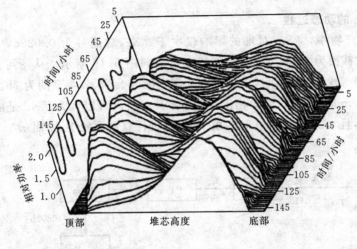

图 5.18　氙振荡图

应当指出,只有在大型的和高中子通量密度的热中子反应堆中才可能发生氙振荡。一般当芯堆的尺寸超过 30 倍徙动长度和热中子通量密度大于 $10^{13}\,\mathrm{cm}^{-2}\cdot\mathrm{s}^{-1}$ 时,氙振荡才成为一个值得认真考虑的问题。对于天然铀或低富集铀气冷堆和大多数大型压水反应堆,它们堆芯的尺寸都超过 30 倍徙动长度,都必须要认真地考虑氙振荡问题。

氙振荡时,有的区域中氙浓度减小,有的区域中氙浓度增加,但是在整个堆芯中,氙的总量变化是不大的,因此它对反应堆有效增殖系数的影响也是不显著的。所以要想从总的反应性测量中来发现氙振荡是很困难的,只有从测量局部的功率密度或局部中子通量密度的变化中才能发现氙振荡。例如,用分布在堆芯各处测功率(或中子通量密度)的探测器可以及时地测出氙振荡。

氙振荡的危险性在于使反应堆热管位置转移和功率密度峰因子改变;并使局部区域的温度升高,若不加控制甚至会使局部燃料元件熔化;氙振荡还会使堆芯中温度场发生交替的变化,加剧堆芯材料温度应力的变化,使材料过早地损坏。因此在设计中必须认真考虑氙振荡的问题。

　　由于氙振荡的周期比较长,因而它是可以被控制的,采用长控制棒完全可以抑制压水反应堆中轴向的氙振荡。

　　研究实验结果已证实,径向氙振荡是收敛的,即发生振荡,可自行回复到振荡前的状态;轴向氙振荡才是运行中必须要加以控制的。

5.9　^{149}Sm 的中毒

1. ^{149}Sm 的动态过程

　　在裂变产物中,^{149}Sm 对堆的影响仅次于^{135}Xe,对能量为 0.025eV 的中子,^{149}Sm 的吸收截面为 40800b。^{149}Sm 裂变产物链如图 5.19 所示。从图可知,^{149}Sm 是从^{149}Nd 经二次 β^- 衰变生成的。^{149}Nd 的裂变额为 1.13%,半衰期为 2h。^{149}Nd 的半衰期与^{149}Sm 的半衰期(54h)相比可忽略不计。所以可以认为^{149}Nd 是由裂变时直接产生的,且 $\gamma_{Pm} = \gamma_{Nd} = 0.0113$,由于^{149}Pm 的俘获截面较小,因而 $\sigma_a^{Sm} \varphi$ 与 λ_{Pm} 相比可以略去。

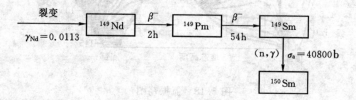

图 5.19　^{149}Nd 的衰变链

　　根据图 5.19 写出^{149}Pm 和^{149}Sm 的浓度随时间变化方程

$$\frac{dN_{Pm}}{dt} = \gamma_{Pm} \Sigma_f \phi - \lambda_{Pm} N_{Pm}(t)$$

$$\frac{dN_{Sm}(t)}{dt} = \lambda_{Pm} N_{Pm}(t) - \sigma_a^{Sm} \phi N_{Sm}(t) \tag{5-27}$$

等式右端第一项为单位体积的产生率,第二项为单位体积消失率,等式左端表示单位体积内相应核的变化率。

2. 反应堆启动时^{149}Sm 中毒

　　核反应堆刚启动时,$N_{Pm}(0) = N_{Sm}(0) = 0$,以这为初始条件求解方程组(5-27),可得到^{149}Pm 和^{149}Sm 的浓度随时间变化的关系式

$$N_{Pm}(t) = \frac{\gamma_{Pm} \Sigma_f \phi}{\lambda_{Pm}} [1 - \exp(-\lambda_{Pm} t)] \tag{5-28}$$

$$N_{Sm}(t) = \frac{\gamma_{Pm} \Sigma_f}{\sigma_a^{Sm}} [1 - \exp(-\sigma_a^{Sm} \phi t)]$$

$$-\frac{\gamma_{\mathrm{Pm}}\Sigma_{\mathrm{f}}\phi}{\lambda_{\mathrm{Pm}}-\sigma_{\mathrm{a}}^{\mathrm{Sm}}\phi}\big[\exp(-\sigma_{\mathrm{a}}^{\mathrm{Sm}}\phi t)-\exp(-\lambda_{\mathrm{Pm}}t)\big] \qquad (5-29)$$

当 t 足够大时，式（5-28）和式（5-29）中的指数项趋于零，这样得到 ^{149}Pm 和 ^{149}Sm 的平衡浓度

$$N_{\mathrm{Pm}}(\infty)=\frac{\gamma_{\mathrm{Pm}}\Sigma_{\mathrm{f}}\phi}{\lambda_{\mathrm{Pm}}}$$

$$N_{\mathrm{Sm}}(\infty)=\frac{\gamma_{\mathrm{Pm}}\Sigma_{\mathrm{f}}}{\sigma_{\mathrm{a}}^{\mathrm{Sm}}} \qquad (5-30)$$

由此可知，^{149}Pm 的平衡浓度与核反应堆的热中子通量成正比，而 ^{149}Sm 的平衡浓度与热中子通量密度无关。

平衡 ^{149}Sm 中毒的反应性

$$\rho_{\mathrm{Sm}}(\infty)\approx\frac{N_{\mathrm{Sm}}(\infty)\sigma_{\mathrm{a}}^{\mathrm{Sm}}}{\Sigma_{\mathrm{a}}}=\frac{\gamma_{\mathrm{Pm}}\Sigma_{\mathrm{f}}}{\Sigma_{\mathrm{a}}} \qquad (5-31)$$

虽然平衡钐浓度与热中子通量密度无关，但是达到平衡钐浓度所需的时间却与热中子通量密度有关，当式（5-29）中所有指数项全为零或接近于零时，就达到了平衡钐浓度，此时要 t 至少满足下列两个条件

$$t\gg\frac{1}{\sigma_{\mathrm{a}}^{\mathrm{Sm}}\phi} \qquad (5-32)$$

$$t\gg\frac{1}{\lambda_{\mathrm{Pm}}} \qquad (5-33)$$

图 5.20 给出了净堆启动后 ^{149}Sm 引起的反应性随时间的变化。在约 400 小时后，^{149}Sm 达到了平衡毒性。

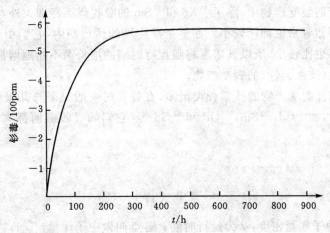

图 5.20　反应堆启动后的 ^{149}Sm 毒性随时间的变化

虽然平衡钐浓度与热中子通量密度无关,但是达到平衡钐浓度所需要的时间却与中子通量密度有密切的关系。

即使对于运行在高中子通量密度情况下的反应堆,达到平衡钐的时间至少也要几百小时以上,这与到达平衡氙的时间相比要大得多。其主要原因是由于^{135}Xe 的吸收截面远远地大于^{149}Sm 的吸收截面,而且^{135}Xe 还有相当一部分由于放射性衰变而消失,所以它很快就达到了饱和值。

3. 停堆后^{149}Sm 的中毒

设停堆前已经在热中子通量密度 ϕ 长期稳定的运行,堆内^{149}Pm 和^{149}Sm 的浓度已达到平衡值,然后在 $t=0$ 时刻突然停堆,则以式(5-30)为初始条件求解方程组(5-27)可得到^{149}Pm 和^{149}Sm 的浓度随时间变化的关系式

$$N_{Pm}(t) = \frac{\gamma_{Pm}\Sigma_f\phi}{\lambda_{Pm}}\exp(-\lambda_{Pm}t) \tag{5-34}$$

$$N_{Sm}(t) = \frac{\gamma_{Pm}\Sigma_f}{\sigma_a^{Sm}} + \frac{\gamma_{Pm}\Sigma_f\phi}{\lambda_{Pm}}[1-\exp(-\lambda_{Pm}t)] \tag{5-35}$$

假设反应堆在停堆前已经运行了相当长的时间,堆内的^{149}Pm 和^{149}Sm 的浓度都已经达到了平衡值。然后在 $t=0$ 时突然停堆,则停堆后^{149}Sm 的最大浓度可达停堆前平衡浓度的二倍左右。当反应堆再次启动后,这些多余的^{149}Sm 很快就被消耗,平衡钐状况又将恢复。若停堆前中子通量密度比较低,这时停堆后的^{149}Sm 浓度基本上保持不变。图 5.21 表示了在不同运行中子通量密度下,停堆后^{149}Sm 的积累以及新开堆后^{149}Sm 的烧损。

4. 其它裂变产物的中毒

在所有的裂变产物中,除了^{135}Xe 和^{135}Sm 的吸收截面特别大外,其余裂变产物的吸收截面相对来说都比较小。在整个反应堆的运行期内,它们由于吸收中子而消失的速率也比较小,所以其浓度将随运行时间的增长而不断地增加,我们称它们为非饱和性(或永久性)的裂变产物。

非饱和性裂变产物的核素种类很多,在计算时一般只需选其吸收截面较大的一些同位素,如^{113}Cd,^{151}Sm,^{155}Gd 和^{157}Gd 等(它们的吸收截面都大于10^{14} b)单独进行计算。

如令

$$\Phi = \int_0^t \phi dt \tag{5-36}$$

式中:ϕ 为中子通量密度;t 为运行时间;则 Φ 叫做中子注量。

中子注量随着燃耗深度增加而增加,可以用它来度量反应堆中各种材料受到中子辐照的程度。

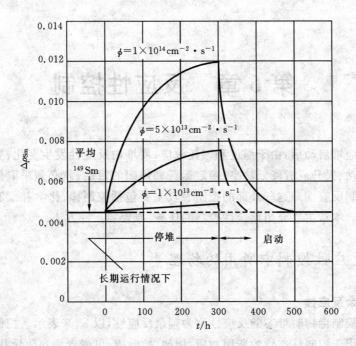

图 5.21 运行在不同通量密度情况下,停堆后和重新开堆后的 ^{149}Sm 毒性变化

　　非饱和性裂变产物同位素的浓度随着中子注量的增加而增加,当反应堆运行时间较长时,燃料内非饱和性裂变产物同位素的浓度和由于它所引起的负反应性都较大,因而使反应堆的剩余反应性显著地下降。

第 6 章　反应性控制

核反应堆启动后,由于温度和燃耗效应,使堆内反应性发生变化;要使核反应堆达到启动、提升或者降低功率、稳定运行和停闭的目的,就必须采取外部控制的手段来控制反应性。这些外部的控制手段主要包括控制棒、化学补偿和可燃毒物三种方法。本章主要介绍反应性控制的任务、原理和三种方法。

6.1　反应性控制中所用的物理量

1. 剩余反应性

没有控制毒物时堆芯的反应性称为剩余反应性,以 ρ_{ex} 来表示。控制毒物是指反应堆中用于控制反应性的所用物质,例如,控制棒、可燃毒物和化学补偿毒物等。剩余反应性的大小与反应堆的运行时间和状况有关,一般来说,反应堆在寿期初、冷态、无中毒时具有最大的剩余反应性。

2. 控制毒物反应性

某一控制毒物投入堆芯时所引起的反应性变化,称为该控制毒物的反应性(或价值),以 $\Delta\rho_i$ 表示。

3. 停堆深度

当全部控制毒物都投入堆芯时,反应性所达到的负反应性称为停堆深度,以 ρ_s 来表示。很显然,停堆深度也是与运行时间和状况有关的。为了保证反应堆的安全,要求在热态、平衡氙中毒的状况下,应有足够大的停堆深度。否则,当堆芯逐渐冷却和 ^{135}Xe 逐渐地衰变后,反应堆的反应性就逐渐增加,停堆深度就会逐渐减小,这样堆芯有可能又重新恢复到临界或超临界。所以在反应堆物理设计准则中就必须要对停堆深度做出规定。例如,在压水反应堆中,一般规定,在价值最大的一束控制棒卡在堆芯外、冷态和无中毒时,停堆深度必须大于 2~3pcm。

4. 总的被控反应性

总的被控反应性等于剩余反应性与停堆深度之和,以 $\Delta\rho$ 表示,即

$$\Delta\rho = \rho_{ex} + \rho_s \qquad\qquad (6-1)$$

如某典型的压水堆,假设其第一循环的有效增值系数为 1.26,图 6.1 给出了

该反应性堆三种反应性控制方式所控制的反应性分配。由图可见，为保证换料停堆时有 $-10.0\%\Delta k$ 的停堆深度，必须控制的总反应性为 $-36.0\%\Delta k$，其中控制棒控制 $-8\%\Delta k$，化学补偿控制 $-20\%\Delta k$。

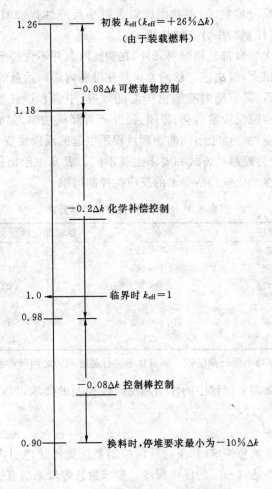

图 6.1　k_{eff} 和三种反应性控制方式

6.2　反应性控制的任务

　　反应性控制的主要任务是采取有效的控制方式确保反应堆安全运行。具体的讲，就是要控制堆的剩余反应性以满足反应堆长期运行的要求；保持在整个堆芯寿期内功率分布比较平坦；能满足跟踪二回路负荷变化的要求；并在事故时能紧急停闭反应堆。

　　压水堆运行时可通过移动控制棒和改变溶解在冷却剂中的硼浓度来控制反应性。硼酸用以控制长期的反应性变化,如燃耗和裂变产物积累引起的反应性变化。而控制棒则用于反应堆启动、负荷跟踪以及微小反应性扰动时的反应性控制;此外,控制棒还起着控制功率分布的作用。

　　由于新堆首次装料都是新燃料元件,在初始时刻并不含裂变产物,所以首次装料的剩余反应性很大,解决该问题的方法是在堆芯内添加适量的可燃毒物。

　　反应堆启动后,必需随时克服由于温度效应、中毒和燃耗所引起的反应性变化;另一方面,为实施反应堆启动、停闭、提升或者降低功率,都必需采用外部控制的方法来控制反应性。由于不同的物理过程所引起的反应性变化的大小和速率不同,所采用的反应性控制的方式和要求也就不同。表 6.1 给出压水堆内几个主要过程引起的反应性变化量和所要求的反应性控制速率。

表 6.1　压水堆的反应性控制要求

反应性效应	数值/%	要求反应性变化率或动作时间
温度亏损[①]	2～5	0.5/h
功率亏损	1～2	0.05/min
氙和钐中毒	25～5	0.004/min
燃耗	5～8	0.5/m
功率调节	0.1～0.2	0.1/min
紧急停堆	2～4	<1.5～2s

①指反应堆从零功率运行温度(T_1)到满功率运行温度(T_2)之间所产生的反应性变化量

　　按控制毒物在调节过程中的作用和反应性控制的要求,可以把反应堆的控制分为以下三类。

1. 紧急控制

　　当反应堆需要紧急停堆时,反应堆的控制系统能迅速地引入一个大的负反应性,以快速停堆,并达到一定的停堆深度。要求紧急停堆系统有极高的可靠性。

2. 功率调节

　　当外界负荷或堆芯温度发生变化时,反应堆的控制系统必须引入一个适当的反应性,以满足反应堆功率调节的需要。在操作上,它要求既简单又灵活。

3. 补偿控制

　　正如前述,反应堆的初始剩余反应性比较大,因而在堆芯寿期初,在堆芯中必须添加较多的控制毒物。但随着反应堆运行,剩余反应性的不断减小。为了保持反应堆临界,必须逐渐地从堆芯中移出控制毒物。由于这些反应性的变化是很缓慢的,所以相应的控制毒物的变化也是很缓慢的。

　　凡是能够有效地影响反应性的任何装置、机构和过程都可以用作反应性的控制。常用的方法是改变堆内中子的吸收，即通过在堆芯中加入或移出控制毒物以改变堆内中子的吸收。目前广泛采用的控制毒物有：可移动式控制棒、固体可燃毒物和在液体冷却中加入可溶性毒物（如硼酸等）。在轻水反应堆中，初始剩余反应性很大，单根控制棒的价值（当量）又比较低，如全部采用控制棒来控制则需要控制棒的数目就很多。但轻水反应堆的栅格较稠密，反应堆体积较小，安排这么多的控制棒是很困难的，同时也使压力壳顶盖开孔增加，这将大大影响压力壳的强度。所以，目前在压水反应堆中，都采用控制棒、固体可燃毒物和冷却剂中加硼酸溶液三种控制方式联合控制，以减少控制棒的数目。

6.3　反应性控制的方法

　　对反应性的控制，实际上是研究对有效增殖因数的控制，热中子反应堆的有效增殖因数 $k=\varepsilon\eta f p P_F P_T$，原则上可以通过控制 ε, η, f, p 及 P_F, P_T 这些因子中某一个因子或某几个因子来实现对反应性的控制。当热中子反应堆的燃料浓缩度以及燃料慢化剂的性质、成分确定后，堆运行时快中子增殖因数 ε，每次吸收的中子产额 η 值，可以认为基本不变。此外，对逃脱共振俘获几率 p 的控制不太有效，而对热中子利用系数 f 及不泄露几率 P_F, P_T 值的控制比较有效，且容易实现。

　　可以通过控制堆芯附加吸收物质来控制 f 值，当堆芯控制材料增加（如向堆芯插入控制棒）时，非裂变材料吸收的份额增加，易裂变物质吸收中子的份额相对减小，使 f 值变小，反之亦然。改变 f 值的大小可以达到改变反应性的目的，通常，动力堆都采用控制棒来控制快变化的反应性。移动控制棒会使中子通量密度发生某种形式的畸变，从而增加了堆芯的中子泄露，减小中子不泄露几率 $P_L = P_F P_T$。

　　下面简要地分别介绍三种基本控制方法的特点。

1. 控制棒

　　控制棒是中子的强吸收体，它是由热中子和超热中子吸收截面大的物质如 B、Ag、In、Cd、Hf 等。根据堆芯结构制成一定形状和大小的控制棒，如圆柱形、十字形、星形，单一或组合的等等，不论哪种形状，统称为控制棒。压水堆通常采用束棒式控制棒，利用驱动机构使控制棒灵活地插入或抽出堆芯，改变堆内中子的非裂变吸收和泄露量来控制反应性。

　　控制棒的特点是移动速度快、操作可靠、使用灵活、控制反应性的准确度高，它是各类核反应堆紧急控制和功率调节所不可缺少的控制部件，它主要是用来控制反应性的快变化。

　　根据用途不同,控制棒一般可分为以下三类。

　　(1) 调节棒

　　调节棒是用来调节反应性的微小变化和堆功率的,在核应堆稳定运行时用它来跟踪各种意外的反应性扰动(这类反应性扰动的特点是快,但数值不大),一组调节棒的反应性当量不能超过一元,这样即使在运行中由于操作人员误操作,把一组调节棒从堆芯全部抽出,也不会使反应堆达到瞬发临界状态。由于调节棒动作比较频繁,所以把它设计成既可手动投入也可以自动投入,所以又称它为自动调节棒。

　　(2) 补偿棒

　　补偿棒是用来补偿随时间变化比较慢,但数值比较大的反应性,如补偿温度、中毒、燃耗效应引起的反应性损失。在核反应堆运行初期,补偿棒几乎全部插入堆芯,以抵消核反应堆后备反应性。到核反应堆运行末期时,补偿棒全部由堆芯抽出。根据补偿棒数量较多、动作较慢的特点,一般采用手动操作。

　　(3) 安全棒

　　安全棒是用来在紧急情况下停闭反应堆用的,平时抽出堆芯,如出现某种事故需要马上停堆,就将安全棒迅速插入堆芯,使堆处于次临界状态。从上述任务来看,希望安全棒的反应性当量要大些,动作要快些,通常采用掉棒方式,并使它处于控制效率较高的位置上,一旦有事故信号或停堆命令,便立即掉棒。

　　在后备反应性较大的核反应堆中,从安全的角度考虑,除设安全棒外,还备有附加安全设施,以应付意外的事故。如需要紧急停堆时,可向堆内注入硼球或喷入液体毒物(如硼酸)等。

　　有的核反应堆设计,为了减少控制棒种类,并不区分补偿棒和安全棒,而是同时把两种用途都兼起来,调节棒则是按最佳提棒方式挑选其中的某一组担任。

　　利用控制棒控制反应堆的优点是:快速、灵活机动且可靠有效;其缺点是:因控制棒强烈吸收中子,故移动控制棒对堆内通量密度分布扰动较大,而且往往导致增加中子通量密度分布的不均匀性。由于压水堆具有较大的后备反应性,单根控制棒的价值较低,这样单靠控制棒来控制反应堆,则需要大量的控制棒。对于一个高温高压下工作的核反应堆来说,压力容器顶盖上要开很多孔放传动机构,会给结构设计、加工带来困难,因此,控制棒数量不宜过多。

　　2. 固体可燃毒物法

　　为了减少控制棒的数量,可在新堆芯中按一定分布插入硼钢管等可燃毒物。这是充分利用硼燃耗较快,从而使硼钢管的中子吸收能力随反应堆燃耗加深而明显降低这一反应性补偿特性制成的,这种补偿不需要外部控制,是自动进行的。如果计算准确,使硼钢管中的含硼量适当,布置得合理,这部分随着燃耗而自动放出的反应性,正好补偿燃耗反应性。这样既减少了控制棒的数量,又有利于展平堆内中子通量密度分布,提高核反应堆的允许运行功率和延长堆芯寿期。然而,压水堆内的固体可燃毒物一旦布置好,堆芯已经密封在压力容器内,就不能随意改变了,它只能补偿变化缓慢的反应性,应付不了反应性的突然变化。因此,这种方法不能单独使用,它只能作为一种辅助的控制方法。

3. 液体毒物控制方法

将热中子吸收截面大的液态物质(如硼酸等),与冷却剂均匀混合后,用调节主回路中硼的浓度来控制反应性,这种方法就是液体毒物控制方法。它主要用来补偿慢的反应性变化,如温度效应、Xe 和 Sm 中毒效应和燃耗反应性效应。

随着反应堆燃耗的加深,要求主回路中的硼浓度不断减少,但连续调整造成硼系统的负担过重,通常用棒控与化控相配合的方法,采用周期性减硼法,以减少调硼操作。到反应堆运行末期时,要求冷却剂中的硼溶液基本除净,以免影响堆的工作期。

这种方法的优点是容易加入,在堆芯中分布比较均匀,不会引起堆芯功率分布的畸变,化控中的硼浓度可以根据运行需要来调节;化控不占栅格位置,不需要驱动机构,从而简化了堆的结构,提高了核反应堆的经济性。

这种方法的主要缺点是水中的硼浓度的大小对于慢化剂温度系统有显著的影响。随着硼浓度的增加,慢化剂负温度系数的绝对值越来越小,这是因为当水温升高时,水的密度减小,单位体积水中含硼的核数也相应的减小,因而反应性增加。当水中的硼浓度超过某一值(如某堆堆芯温度 200℃ 以上则 1500ppm)时,使慢化剂温度系数出现正值,这是不利于核反应堆安全运行的,所以必须把硼浓度限值在 1300ppm 以下。同时,由于 $^{10}B(n,\alpha)^7Li$ 反应中出现 α,^7Li 均为强电离粒子,会使水电离产生 H_2 和 O_2,它们对结构材料有腐蚀作用。

6.4　控制棒控制

1. 控制棒的吸收特性

压水堆核电厂控制棒采取束棒型,如大亚湾核电厂,每束包含 24 根控制棒(对于 17×17 的组件类型),如图 6.2 所示。这种束棒型控制棒组件有如下优点:①吸收材料均匀分布在堆芯,从而使堆内热功率分布较均匀;②提高了单位重量和单位体积吸收材料吸收中子的效率,大大减少了控制棒的重量;③与十字型控制棒相比,束棒型控制棒提升时留下的水隙对功率分布畸变的影响较小。

控制棒材料的选择不仅考虑物理、机械性能,更重要的还要考虑其核特性。对材料热特性,要考虑热膨胀、热传导和熔点。对热膨胀必须予以限制,以避免控制

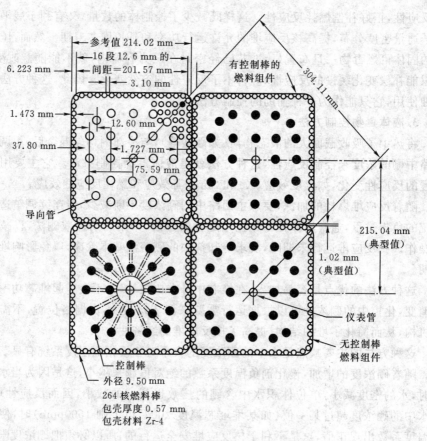

图 6.2 带控制棒的燃料组件(17×17)的截面

棒与导向管内壁粘连。要求控制棒在堆芯里受强中子及 γ 辐照后,能有很高的稳定性,又必须要能耐高温,在高温水中有很好的耐腐蚀性,当然,机械强度及加工性能都应该满足要求,在核特性上,主要是要有强烈的吸收中子的能力。

目前,公认铪 Hf 是较理想的压水堆控制材料。它不仅物理性能(熔点高达 2200℃)、机械性能良好,而且核性能也好。虽然其热中子吸收截面不算很大,但它的超热中子吸收截面很大,尤其是铪的诸同位素,如 ^{178}Hf,^{177}Hf,^{180}Hf 等都是很好的控制材料,其核性能如表 6.2 所示。所以,铪做成的铪控制棒具有长寿命及强吸收能力。可惜铪材料稀缺,十分昂贵,目前尚得不到广泛应用。现在世界压水堆应用最多的材料为 Ag(80%)- In(15%)- Cd(5%)合金(闭封在不锈钢包壳内)。这种合金也具备作为控制材料的良好性质,例如,其熔点高达 775℃,强辐照下稳定性能良好,高温下耐腐蚀,在温度不均匀的情况下不发生热畸变等。另外,比较经济,易于加工也是其优点。应该指出,之所以选取 Ag - In - Cd 合金,还主要在于其核特性。因为压水堆物理设计要满足自稳性,保证慢化剂温度系数为负值等安全要求,堆芯是紧栅格的,堆内中子谱较硬,即堆内除大部分裂变中子能慢化到热中子外,还有相当部分中子为超热中子。在合金中除 Cd 的热中子吸收截面大,属"黑体"吸收体外,Ag 和 In 都有较强的超热吸收本领,因此,Ag - In - Cd 合金控制棒在比较宽的能量范围内是很好的中子吸收体。从图 6.3 中可见,从热能区到50eV 的超热区的中子几乎全部可被 Ag - In - Cd 控制棒吸收掉。

表 6.2 控制棒用材料核特性

同位素	丰度/%	$(\sigma_a)_{热}/(10^{-24}\,\mathrm{cm}^2)$	$(\sigma_a)_{共振}/(10^{-24}\,\mathrm{cm}^2)$	$(E_n)_{共振}/\mathrm{eV}$
^{107}Ag	51.8	45	630	16.6
^{109}Ag	48.2	92	12500	5.1
^{133}Cd	12.3	20000	7200	0.18
^{113}In	4.2	12	—	—
^{115}In	95.8	203	30000	1.46
^{174}Hf	0.18	390	—	—
^{176}Hf	5.20	<30	—	—
^{177}Hf	18.50	380	6000	2.36
^{178}Hf	27.14	75	10000	7.80
^{179}Hf	13.75	65	1100	5.69
^{180}Hf	35.24	14	130	74.0

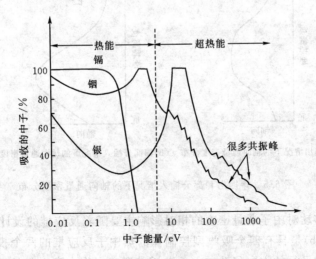

图 6.3 Ag - In - Cd 控制棒的中子吸收

　　控制棒插入堆芯时,引起堆内径向中子通量密度分布发生畸变,也导致堆的几何曲率 B^2 值增加,从而减小了中子不泄露几率,如图 6.4 所示。

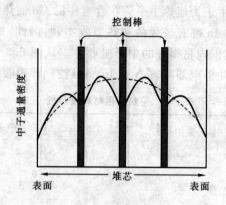

图 6.4　有控制棒插入堆芯的中子通量密度分布

　　控制棒在堆芯内移动时,其微分价值是变化的。当棒插入堆芯时,影响到堆内轴向中子通量密度分布,如图 6.5 所示,图(a)给出了控制棒提出堆芯时的轴向中子通量密度分布,图(b)则是部分插入时的分布。棒插入越深,则中子通量密度峰越向底部偏移。但如果全部插入时,则中子通量密度峰值又返回至中央平面。

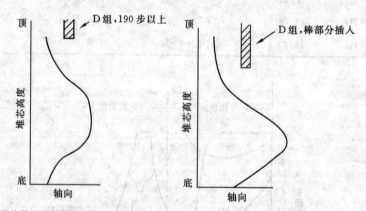

　　(a)棒提出情况下的轴向通量密度分布　　(b)棒部分插入情况下的轴向通量密度分布

图 6.5　棒提出和部分插入情况下的轴向通量密度分布

　　控制棒移动对中子通量密度的相对影响主要随着反应堆的设计而变。图 6.6(a)和图 6.6(b)是具有四个吸收型控制棒的热中子反应堆的两个投影图,控制棒可以在与 z 轴平行的方向移动。由于燃耗或裂变产物中毒引起的反应性减少,必须抽出控制棒加以补偿。图 6.6(a) 的右边曲线表示出四个控制棒从 A 均匀的移动到 B 时,在活性区内 z 轴方向上中子通量分布的改变情况。很显然,在反应堆下面的中子探测仪器的读数减小,因为中子通量最大值向上移动而离仪器较远了。在 x 轴上的探测器的读数将增加,因为通量最大值移近仪器所在位置的轴线。

　　图 6.6(b) 右边的曲线表示出棒的抽出不一样时中子通量沿 y 轴方向的分布情况。曲线 C 对应于所有棒都在同一高度时中子通量的对称分布。假如为了补偿反应性的变化抽出棒 1 和 2,而棒 3 和 4 保持在原来的高度,则中子通量的最大值移向在 y 轴上放置的探测器,如曲线 D 所示。控制棒的移动可以采用另外一种方案,但很清楚,在这种结构的反应堆下,不论探测器如何布置和棒的任何移动方法,中子探测仪刻度将因中子通量分布的改变而有所改变。

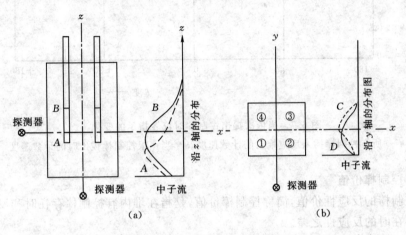

图 6.6　在有四根控制棒的反应堆中随棒位置而变的中子通量密度

　　由于棒位移动而引起的仪器刻度变化被称为棒的邻近效应,为了确定这种效应值而提出的实验由于同时存在着许多变数而可能是很复杂的。假定反应堆具有四个控制棒,它们和活性区中心对应而相互等距离的放置着,如果反应堆有单独的中子源,则在次临界状态而所有棒插入时,仪器有着源强度的计数率。图 6.7 表示当抽出或插入一个控制棒时所得到的计数率,图中的角度是以活性区为中心、探测器间的直线为基线来计算的。最接近探测器的棒移动时,这个效应最大。通过四个棒位置点的虚线曲线表示控制棒多于四根时对应的计数率值,仪器愈接近活性区,这种邻近效应愈大。在远离反应堆的保护层内的中子通量和活性区内全部中子的数目很接近于正比的关系,可惜仪器和活性区间距离的选择是由仪器的灵敏度来决定的。最大功率水平探测器可以在和活性区离得很远的地方,这样减小了反应堆在高功率下运行时棒的邻近效应。

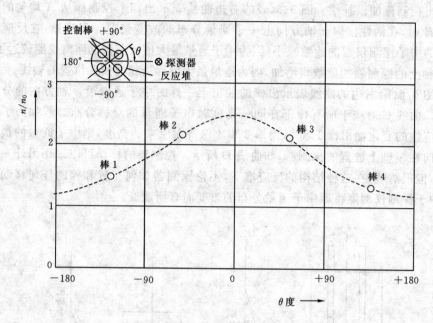

图 6.7　当依次提出控制棒时仪表指示的变化

n_0—所有控制棒插入反应堆时的计数速度；n—当一根控制棒拔出时的计数速度

2. 控制棒价值

控制棒的反应性价值，简称控制棒价值，是指在堆内有控制棒存在时和没有控制棒存在时的反应性之差。

（1）单根中心控制棒价值

控制棒价值的计算是比较复杂的，通常很难用解析法计算，解析法一般只能计算在简单几何配置下的控制棒价值。目前大部分都用计算机进行数值计算。

假设一个半径为 R，高度为 H（均包括外推距离）的圆柱形均匀裸堆，在反应堆的中心插有一根半径为 a 的圆柱形控制棒，如图 6.8 所示。同时还假设当控制棒完全插入堆芯时，从堆芯中排出与控制棒体积完全相等的堆芯物质；当控制棒从堆芯中完全移出时，原来控制棒所占的位置又被堆芯材料所填充。这种假设显然是过高地估计了控制棒的作用。

控制棒价值可用下式计算

$$\rho_H = \frac{7.43M^2}{(1 + B_0^2 M^2)R^2}\left[0.116 + \ln\left(\frac{R}{2.405a} + \frac{d}{a}\right)\right]^{-1} \tag{6-2}$$

式（6-2）是按修正单群理论计算一根中心圆柱形控制棒价值的公式。式中：B_0^2 为控制棒未插入时反应堆的几何曲率。从式中可知，控制棒的价值与 M^2 近似成正

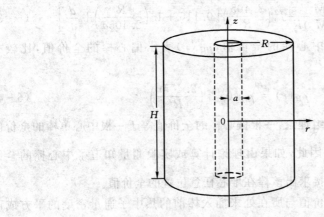

图 6.8 具有中心控制棒的圆柱形均匀裸堆

比,同时还与控制棒的半径 a、外推距离 d 和反应堆 R 有关。

(2)偏心棒的价值

如果控制棒不在核反应堆的中心轴上,但与中心轴相平行,则称为偏心棒。

为了计算方便,建立两个坐标系。一个坐标原点取在核反应堆的轴上,另一个坐标原点取在控制棒的轴上(见图 6.9),这样,堆芯内的任一点在第一个坐标系中的坐标为 (γ, θ),在第二个坐标系中为 (ζ, ψ)。

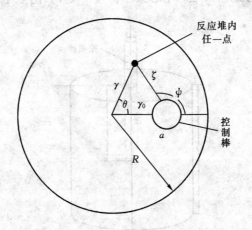

图 6.9 圆柱裸堆内的一根偏心棒

偏心棒的价值为

$$\rho_H = \frac{7.42M^2}{(1+B_0^2 M^2)R^2} J_0^2\left(\frac{2.405}{R}\right)\left[0.116 + \ln\left(\frac{R}{2.405a}\right) + \frac{d}{a}\right]^{-1} \quad (6-3)$$

如果用 $\rho_H(0)$ 表示中心棒的全价值，$\rho_H(r)$ 表示偏心棒的全价值，比较式(6-2)和式(6-3)可得

$$\rho_H(r) = \rho_H(0) J_0^2\left(\frac{2.405r}{R}\right) \quad (6-4)$$

式(6-4)表明，按修正单组理论，一根偏心棒的全价值等于一根中心单棒的全价值乘以因子 $J_0^2\left(\frac{2.405r}{R}\right)$。因此，如果由理论计算或实验测量知道了中心棒的全价值，就可根据式(6-4)直接求出该棒在堆芯任意位置的全价值。

一般地说，控制棒的价值与所在处未插入棒前的热中子通量密度的平方成正比，对于控制棒的全价值，有以下关系

$$\frac{\rho_H(r_1)}{\rho_H(r_2)} = \frac{\phi_T^2(r_1)}{\phi_T^2(r_2)} \quad (6-5)$$

式中：$\phi_T(r_1)$ 和 $\phi_T(r_2)$ 分别是未插入棒前的位置 r_1 和 r_2 处的热中子通量密度；$\phi_H(r_1)$ 和 $\phi_H(r_2)$ 分别是控制棒插在位置 r_1 和 r_2 处的全价值。这就说明，位于较高热通量处的控制棒吸收中子较多，同时该处的中子对链式裂变反应贡献也较大；反之亦然。因此 $\rho_H(r)$ 不是与 $\phi_T(r)$ 成正比，而是与 $\phi_T^2(r)$ 成正比。

(3)积分价值与微分价值

如果控制棒部分地插入堆芯中心某一深度 z 处，如图 6.10 所示，它所抵消的

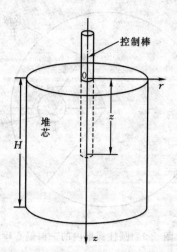

图 6.10　在堆芯中心处，部分插入的控制棒

反应性,称为控制棒在深度 z 处的积分价值,用 ρ_z 表示

$$\rho_z = \rho_H \frac{\int_0^z \sin^2(\pi z/H)\mathrm{d}z}{\int_0^H \sin^2(\pi z/H)\mathrm{d}z} = \rho_H\left[\frac{z}{H} - \frac{1}{2\pi}\sin\left(\frac{2\pi z}{H}\right)\right] \tag{6-6}$$

在应用时,ρ_H 值可以由式(5-19)或由实验确定。由于上式所表示的是相对价值,所以它对强吸收剂的控制棒也是适用的。对偏心棒只要把式中的 ρ_H 值改用该处偏心棒的全价值时,就可近似给出相应偏心棒的积分价值了。

从式(6-6)可见,控制棒的积分价值与插入深度的关系是由两项合成的:线性项与正弦项。它们合成"S曲线",如图 6.11 所示。

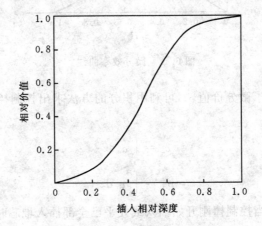

图 6.11　控制棒的相对价值与插入深度的关系

从图 6.11 可知,当控制棒在堆芯顶部和底部附近移动时,控制棒的价值 ρ_z 变化很小,并且与控制棒的移动距离呈非线性关系,反应性变化不灵敏;而当控制棒在堆芯高度中部附近移动时,ρ_z 随 z 的变化近似成线性关系。

控制棒在堆内沿着插入方向移动单位距离所引起的反应性变化,称为控制棒的微分价值(也称微分反应性),用 α_z 来表示,即

$$\alpha_z = \mathrm{d}\rho_z/\mathrm{d}z \tag{6-7}$$

将式(6-6)求导可得

$$\alpha_z = \overline{\alpha_z}\left[1 - \cos\left(\frac{2\pi z}{H}\right)\right] = \alpha_m \sin^2\left(\frac{\pi z}{H}\right) \tag{6-8}$$

式中:$\alpha_m = 2\overline{\alpha_z} = 2\dfrac{\rho_H}{H}$,这里 α_z 和 α_m 分别表示微分价值的平均值和微分价值的最大值,在 $z = H/2$ 处达到最大值。

控制棒的微分价值 α_z 与所在插入深度 z 的关系曲线称为控制棒微分曲线,如图 6.12 所示。

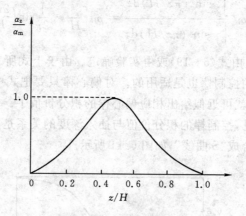

图 6.12　微分效率曲线

如果实验得到了微分价值 α_z,可利用积分的方法求出控制棒在该处的积分价值和全价值

$$\rho_z = \int_0^z \alpha_z \mathrm{d}z \tag{6-9}$$

$$\rho_H = \int_0^H \alpha_z \mathrm{d}z \tag{6-10}$$

图 6.12 表明,当控制棒刚开始插入或几乎已全部插入堆芯时,其微分价值低,此时每插入一小段 $\mathrm{d}z$,α_z 值增加很小,当棒插到堆芯半高度时 $z=H/2$ 时,有极大值 $\alpha_\mathrm{m}=\dfrac{2}{H}\rho_H$,而且在 $z=H/2$ 附近一段范围内 α_z 基本上与 z/H 无关,为一常数,这就是线性区。

从物理上看,因在堆芯底部或顶端区域内的中子通量密度比较小,控制棒端头在此区域移动时,全棒吸收中子数目的变化量相对较少;相反,控制棒端头在堆芯中间半高度附近移动一段距离,全棒吸收中子数目的变化量相对最大,因为这里的中子通量密度最大。

理论和实验都证明式(6-6)和式(6-7)基本上是正确的。但必须指出,实际问题是影响控制棒积分(或微分)价值的因素比较多而且复杂。特别是压水堆,棒间相干效应显著,再加上温度、中毒及燃耗的影响,所以控制棒价值经理论估算后,常常还需用刻度控制棒的实验来加以校核。而且,在运行的不同阶段,还必须重复进行刻度试验,以便对不同条件下的各组控制棒,给出反应性当量的刻度。图 6.13 中的曲线表示某压水堆内同一组棒在不同条件下的不同积分价值,曲线 1 及 2 是在无毒零功率条件下两种不同棒栅位置时的价值,曲线 3 是其它各棒有另一种棒栅位置而反应堆处在碘坑中毒情况下的结果,三条曲线说明,同一组控制棒即使插入的深度都相同(例如为 z_1),但若其它条件不同,则其价值也可以相差 1 倍以上,不过在控制棒的线性段范围内 α_z 大致都在每毫米10^{-5}的量级。

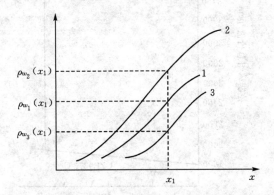

图 6.13　同一组控制棒在不同条件下的积分效率

(4)影响棒价值的其它因素

慢化剂温度对棒价值有重要影响。当慢化剂温度升高时,其密度降低,中子在慢化剂中平均穿行距离变大。这样中子被控制棒吸收的概率变大,也即控制棒作用范围变大,这意味着慢化剂温度升高,棒的价值变大,如图 6.14 所示。

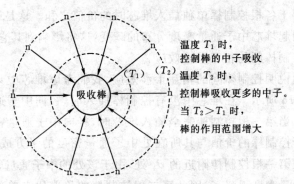

图 6.14　慢化剂温度对控制棒吸收能力的影响

对于给定温度,堆芯燃耗的加深,裂变毒物积累量随燃耗的增长,也能使控制棒价值增大。这主要是因为裂变产物强烈地吸收热中子,使堆内中子谱硬化,超热中子增多,而 Ag - In - Cd 控制棒(或铪棒)又有很强的超热吸收能力的缘故,如图 6.15 所示。

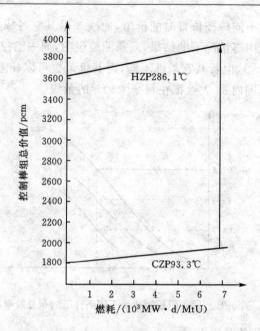

图 6.15　不同温度下棒价值与堆芯燃耗的关系

3. 控制棒间的干涉效应

　　一般情况下,反应堆中插有一定数目的控制棒,这些控制棒同时插入堆芯时,总的价值并不等于各根控制棒单独插入堆芯时的价值之和。这是因为一根控制棒插入堆芯后将引起堆芯中子通量密度分布的畸变,这将影响到其它控制棒的价值,这种现象称为控制棒间的相互干涉效应。

　　为了定性地说明控制棒间的相互干涉效应,我们考虑堆芯中只有两根控制棒的情况,如图 6.16 所示。在堆芯中没有控制棒插入时,径向中子通量密度分布如图中虚线所示。当第一根控制棒完全插入堆芯时,径向中子通量密度分布如图中实线所示。由于控制棒的价值与其所在处中子通量密度的平方成正比,假如把第二根控制棒插在第一根控制棒附近的 d_1 处,由于该处的中子通量密度比原来无控制棒时的中子通量密度下降了,因此第二根控制棒的价值比它单独插入堆芯时的价值低;如果把第二根控制棒插在离第一根控制棒较远的 d_2 处,这时该处的中子通量密度比原来(没有第一根控制棒)时高,因此,第二根控制棒的价值比它单独插入堆芯时的价值高。事实上,这种影响是相互的,每一根控制棒的插入都将引起其它控制棒价值的变化。

　　一般来说,当两根控制棒相距较近时,同时插入堆芯时的总价值比它们单独插入时价值之和要小;当两根控制棒相距较远时,同时插入堆芯时的总价值比它们单

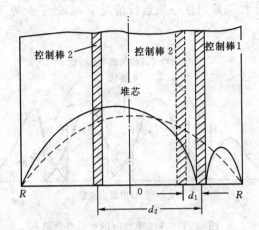

图 6.16 控制棒插入堆芯后径向中子通量密度分布的影响
——无控制棒时中子通量密度的分布；—控制棒 1 插入堆芯后中子通量密度的分布

独插入时价值之和要大。考虑到控制棒的相互干涉效应，通常在设计堆芯时应使控制棒的间距大于热中子扩散长度。

4. 控制棒的运行要求

(1)控制棒组的分组和重叠

在典型压水堆中，一个控制棒束有 24 组控制棒组成，而所有棒束又被分为若干个棒组，而棒组按职能又可分为停堆棒组和调节棒组。如某压水堆核电厂，所有棒束又被分为 S_A，S_B，A，B，C，D 六组，其中 S_A，S_B 为停堆棒组，A，B，C，D 为调节棒组，这些棒组按要求一步步来提升或插入。控制棒组在动作时还具有固定的顺序，如反应堆启动时，以 S_A—S_B—A—B—C—D 的顺序提升；而在反应堆正常停堆时，以相反的顺序插入。此外，在控制棒动作时为保持相对恒定的反应性引入量，要求调节棒组之间要有重叠。所谓重叠是指 A 组控制棒提到一定高度而尚未全提出堆芯时，B 组控制棒开始从堆底提起，然后 A 组、B 组控制棒交替上升。同样，B 组控制棒与 C 组控制棒，C 组控制棒与 D 组控制棒都有相同的重叠。如某核电厂，A 与 B、B 与 C、C 与 D 之间的重叠步都为 100 步。重叠步数是根据各核电厂的设计而定的。

采用棒组重叠后可以得到比较均匀的棒微分价值，使提棒时的轴向中子通量密度分布更均匀些。假如控制棒组运行过程中不能重叠，则根据棒积分价值确定的结果为"S"形曲线的规律，即棒两端的价值较小，只有中间部位线性较好，这样，总的积分价值就得不到较好的线性段了。图 6.17 和图 6.18 给出了棒组重叠时各个棒组微分价值和积分价值曲线。

应该指出,由于停堆棒组在一般运行情况下,都处于全提状态,所以运行时对它没有重叠的要求。

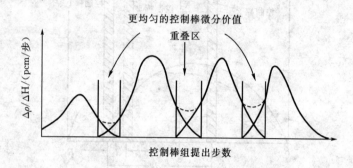

图 6.17   棒组重叠时的棒微分价值

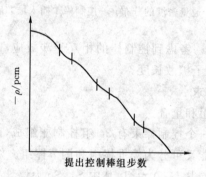

图 6.18   棒组重叠时的棒积分价值

(2)调节棒组的抽出与插入极限

调节棒组有抽出与插入极限的规定。调节棒组的抽出极限也称为调节棒的"高-高位"或"咬量",调节棒组的插入极限也称为调节棒组的"低-低位"。

规定插入极限保证了反应堆在停堆时具有足够的停堆深度,同时也可以限制弹棒事故的后果。另外,规定插入极限可以防止反应堆在运行时较大的功率峰因子。这是因为,如果控制棒棒位在插入极限之下,插入过深,堆芯上部功率被压得太低,下部功率被抬起太高,就有可能导致堆芯下部燃料元件温度过高,以致熔化。而规定抽出极限保证了反应堆在运行时具有快速调节功率的能力。图 6.19 给出了控制棒组插入堆芯的高度限值示例。

例如,核电厂在 60% 额定功率运行时,则如图中给出 D 组控制棒的插入极限为 75 步,即不能低于 75 步,C 组控制棒的插入极限为 193 步(棒组重叠为 118 步),即不能低于 193 步,但在 100% 满功率运行时,如图中只给出 D 组棒的插入极

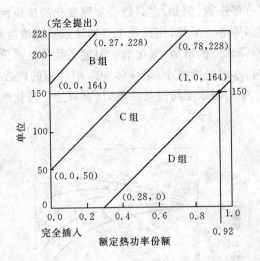

图 6.19　控制棒组插入极限与热功率的关系

限 164 步,此时 C 组棒早已提到顶(228 步)了。

6.5　化学补偿控制

1. 化学补偿毒物特点

在目前的压水反应堆中,一般都采用了化学补偿控制,即在一回路冷却剂中加入可溶性化学毒物,以部分代替控制棒的作用,因此称为化学补偿控制,简称化控。对化学毒物的要求是:能溶解于冷却剂中,化学性质和物理性质稳定;具有较大的吸收截面;对堆芯结构部件无腐蚀性且不吸附在堆芯结构上。实践证明,在压水反应堆中采用硼酸作为化学毒物能符合这些要求。化控主要是用来补偿下列一些慢变化的反应性:

①反应堆从冷态到热态(零功率)时,慢化剂温度效应所引起的反应性变化;

②裂变同位素燃耗和长寿命裂变产物积累所引起的反应性变化;

③平衡氙和平衡钐所引起的反应性变化。

从图 6.1 中可知,在三种控制方式所控制的反应性分配中,化控的反应性最大。这是因为化控与其它两种控制方式相比有很多优点:化学补偿毒物在堆芯中分布比较均匀;化控不但不引起堆芯功率分布的畸变,而且与燃料分区相配合,能降低功率峰因子,提高平均功率密度;化控中的硼浓度可以根据运行需要来调节,而固体可燃毒物是不可调节的;化控不占栅格位置,不需要驱动机构等,从而可以简化反应堆的结构,提高反应堆的经济性等。

　　但是,化控也有一些缺点:例如,它只能控制慢变化的反应性;它需要加硼和稀释硼的一套附加设备,等等。另外,化控最主要的缺点是硼浓度对慢化剂温度系数有显著的影响。随着硼浓度的增加,慢化剂负温度系数的绝对值越来越小,这是因为当水的温度升高时,水的密度减小,单位体积水中含硼的核数也相应的减小,因而反应性增加。当水中的硼浓度超过某一值时,有可能使慢化剂温度系数变正,如图 6.20 所示。

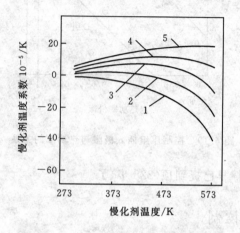

图 6.20　在不同硼浓度下,慢化剂温度系数与慢化剂温度的关系
1—0ppm;2—500ppm;3—1000ppm;4—1500ppm;5—2000ppm

2. 硼的特性

　　硼酸控制反应性主要根据天然硼中含 ^{10}B 的核特性。天然硼是由丰度为80.2%的 ^{11}B 和19.8%的 ^{10}B 两种同位素组成。^{10}B 的热中子吸收截面很大,σ_a(2200m/s)约为 $3.8\times10^{-21}cm^2$;^{11}B 的吸收截面却很小。天然硼的吸收截面约为 $7.6\times10^{-22}cm^2$。^{10}B 是 $1/v$ 吸收体,对热能以上的中子,吸收概率较小,其核反应为 $^{10}B(n,\alpha)^7Li$,放出 α 粒子形成氚。一回路冷却剂里的氚有 80% 来自这种核反应。^{10}B 吸收热中子对堆内热中子利用因数 f 有较大的影响,直接影响到堆的有效增殖因数 k_{eff}。

　　实际中应用的化学毒物为硼酸。硼酸在化学上是稳定的。它不易燃烧、不易爆炸、无毒,用于核电厂是安全的。硼酸是一种弱酸,可以溶解于冷却剂,在水中不易分解。这说明它对冷却剂的 pH 值影响很小,因此,不会增加反应堆冷却剂系统的腐蚀速率。

3. 一回路冷却剂中的硼酸浓度

　　从图 6.20 可知,慢化剂温度系数与慢化剂的温度有关。慢化剂的温度较低时,当硼浓度超过大于 500ppm 时就出现了正的慢化剂温度系数。但在反应堆的工作温度(大约 280℃～300℃)下,当硼浓度大于 1400ppm 时才出现正的慢化剂温度系数。在堆芯设计时,要求反应堆温度在热态时慢化剂温度系数不出现正值,这就限制了冷却剂中允许的硼浓度。目前在压水反应堆设计中,一般把硼浓度取在 1400ppm 以下。

随着反应堆的运行,燃耗不断加深,堆芯中反应性逐渐地减小,所以必须不断地降低硼浓度,使堆芯保持在临界状态,该硼浓度称为临界硼浓度。图 6.21 表示临界硼浓度随燃耗深度的变化。

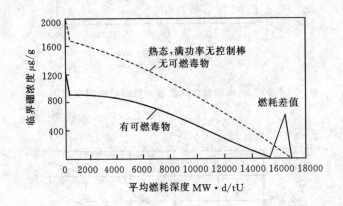

图 6.21 燃耗深度的变化曲线

临界硼浓度随燃耗深度增加而逐渐减小,它对慢化剂温度系数的影响也逐渐减小,慢化剂的负温度系数的绝对值随燃耗深度增加而逐渐地增大。图 6.22 表示某压水反应堆慢化剂温度系数随燃耗深度变化曲线。从图中可知,慢化剂温度系数随燃耗深度的变化规律与临界硼浓度随燃耗深度变化规律很相似。

4. 硼微分价值

在压水堆核电厂中,经常用到硼微分价值的概念,它定义为单位硼浓度变化所引起的反应性的变化量,即反应性随硼浓度的变化率。硼微分价值总是负值,其大小(绝对值)随硼浓度的增加、燃耗的加深和慢化剂温度的升高而减小。图 6.23 给出了堆芯 BOL 与 EOL 的典型硼微分价值曲线。

反应堆内无毒物时,其中子能谱在热能区服从麦克斯韦分布。但当堆芯中有硼和裂变产物这样的吸收体后,热中子能谱将发生变化。由于硼的热中子吸收截面服从 $1/v$ 律,所以其吸收截面随中子能量的减小而增加,堆内的热中子分布峰将向能量较高的超热区偏移,即出现中子谱的硬化现象。

随着硼浓度的增加,谱硬化现象更加显著。由于硼主要吸收热中子,因此硼微分价值的绝对值随硼浓度的增加而减小。堆内裂变产物随燃耗的加深不断积累,

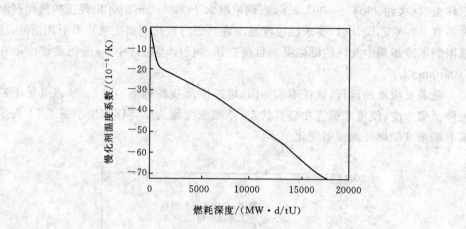

图 6.22   压水堆慢化剂温度系数随燃耗深度变化

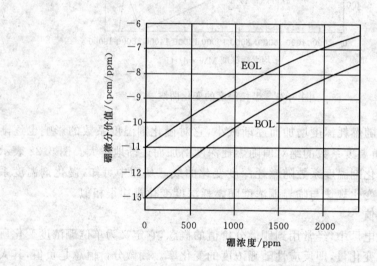

图 6.23   BOL、EOL 下典型的硼微分价值

其中许多裂变产物是 $1/v$ 吸收体,它们也使堆内中子谱硬化,这也解释了图 6.23 中在同一硼浓度下,为什么硼微分价值的绝对值在 EOL 比在 BOL 时的要小。但是在运行过程中,硼酸浓度随堆芯寿期不断变小,这可抵消裂变产物中毒的影响。

6.6　可燃毒物控制

1. 可燃毒物的作用

在某压水堆核电厂首次装料时,如果有效增殖系数为 1.26,则有 $8\%\Delta k$ 由可燃毒物来控制。压水堆采用化控有一定的优点,但是化控并不能完全地、很好地解决问题,因为首次装料由于燃料元件都是新的,所以剩余反应性特别大。如果单靠增加硼浓度来满足要求,浓度很可能超过 1400ppm,而使得慢化剂温度系数变为正值。如果既想将硼浓度控制在 1400ppm 之下,又要满足反应性控制要求,则只有增加控制棒的数目了,而这又将增加很多驱动机构装置,这不只是经济问题,更重要的是压力容器的封头上要开更多的孔,结构强度不许可,况且机构越多,出现问题的可能性越大,也不安全。此外,只在第一次装料时需要控制大反应性,因为从第一次换料后,堆芯中大部分装料都是已燃耗过的燃料,此时,换料后堆芯的初始剩余反应性已经明显地减小了。因此,综合考虑,提出了在新堆芯内添加一定的可燃毒物的方案,这样既安全又经济,比较妥善地解决了这些矛盾。

2. 可燃毒物材料

对于可燃毒物材料,即要求有比较大的吸收截面,也要求由于消耗可燃毒物而释放出来的正反应性与由于燃料燃耗所消耗的剩余反应性基本相等。另外,还要求可燃毒物及其结构材料应具有良好的机械性能。

根据以上的要求,目前作为可燃毒物使用的主要材料有硼和钆。它们既可以和燃料混合在一起,也可以做成管状、棒状或板状,插到燃料组件中。在压水反应堆中应用最广泛的是硼玻璃。到堆芯寿期末,硼可以基本被烧尽,残留下的玻璃吸收截面比较小,因此对堆芯寿期影响不大。可燃毒物通常做成环状(见图 6.24(a))。为了提高硼的燃耗程度,最近西屋公司采用湿式环状可燃毒物部件(Wet Annular Burnable Absorber, WABA)(见图 6.24(b))和涂硼燃料元件(Intergral Fuel Burnable Absorber, IFBA)(见图 6.24(c)),即在二氧化铀芯块的外表面上涂上一层薄的硼化锆。目前在压水堆中还是采用在 UO_2 燃料棒中渗和氧化钆(Gd_2O_3,含量可达 10%)作为可燃毒物,钆是一种非常良好的可燃毒物。通过控制新燃料组件的数量及其内含可燃毒物的燃料元件的数目以及含可燃毒物组件在堆芯内的布置来控制堆芯功率的分布。

在压水堆中,可燃毒物一般只用于首循环中,因为从第二个循环开始,堆芯中大部分的燃料是已燃耗过的燃料,这时,堆芯的初始剩余反应性已显著地减小,没有必要再用可燃毒物了。但对于低泄漏装料方案,由于新燃料组件放在堆芯内区

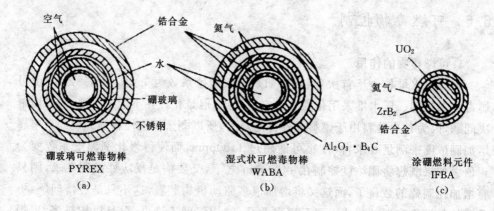

图 6.24　不同形式的可燃毒物棒

使功率峰增大,必须采用一定数量的可燃毒物棒来抑制功率峰以满足设计的要求。

3. 均匀可燃毒物下 k_{eff} 随燃耗变化

为了解可燃毒物在堆芯中的分布对反应性的影响,先分析可燃毒物与慢化剂燃料均匀混合的情况,并假设没有中子从堆芯泄漏出来,而且慢化剂、冷却剂和结构材料等对中子的吸收可以忽略,这时燃料和可燃毒物的动态方程为

$$\frac{\mathrm{d}N_{\text{F}}(t)}{\mathrm{d}t} = -\sigma_{a,\text{F}}\phi(t)N_{\text{F}}(t) \qquad (6-11)$$

$$\frac{\mathrm{d}N_{\text{P}}(t)}{\mathrm{d}t} = -\sigma_{a,\text{P}}\phi(t)N_{\text{P}}(t) \qquad (6-12)$$

式中:N_{F} 和 N_{P} 分别为燃料和可燃毒物的核密度。把式(6-12)对 t 积分得

$$N_{\text{F}}(t) = N_{\text{F}}(0)\exp[-\sigma_{a,\text{F}}\Phi(t)] \qquad (6-13)$$

$$N_{\text{P}}(t) = N_{\text{P}}(0)\exp[-\sigma_{a,\text{P}}\Phi(t)] \qquad (6-14)$$

式中,$\Phi(t)$ 是积分通量,它的定义为

$$\Phi(t) = \int_0^t \phi(t')\mathrm{d}t' \qquad (6-15)$$

假设堆芯中没有中子泄漏,而且慢化剂、冷却剂和结构材料等吸收截面可忽略不计,这样,堆芯中 t 时刻的有效增殖因数可用下式近似表示

$$
\begin{aligned}
k(t) &= \frac{v\,\sigma_{f,\text{F}}N_{\text{F}}(t)}{N_{\text{F}}(t)\sigma_{f,\text{F}} + N_{\text{P}}(t)\sigma_{f,\text{P}}} \\
&= \eta\left\{1 + \frac{N_{\text{P}}(0)\sigma_{a,\text{P}}}{N_{\text{F}}(0)\sigma_{a,\text{F}}}\exp[-(\sigma_{a,\text{P}} - \sigma_{a,\text{F}})\Phi(t)]\right\}^{-1}
\end{aligned} \qquad (6-16)
$$

在图 6.25 中给出了在不同的可燃毒物吸收截面情况下,有效增殖因数随时间

变化的曲线(假设 $k(0)$ 相等)。

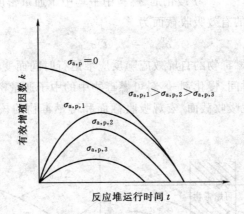

图 6.25　k_{eff} 与运行时间 t 的关系

从图可见,①初始时刻 k_{eff} 增长较快,这是因为在堆开始运行的一段时间里,可燃毒物消耗所引起正反应性释放率比燃料消耗引起的反应性的下降率要快得多;②k_{eff} 增长到某一最大值后又开始下降;这是因为当可燃毒物大量消耗后,每单位体积内含可燃毒物的原子核数较少,此时可燃毒物消耗所引起正反应性释放率小于燃料消耗所引起反应性的下降率。③可燃毒物的吸收截面 $\sigma_{a,p}$ 越大,k_{eff} 偏离初始值就越大。图 6.25 说明可燃毒物均匀布置时其消耗所引起的正反应性与燃耗引起的负反应性不相匹配,理想的情况应该是在整个堆芯寿期里 k_{eff} 的变化尽可能地小。根据这一点,希望采用吸收截面较小的可燃毒物。但是 $\sigma_{a,p}$ 值小,可燃毒物消耗得慢,则在寿期末仍有较多可燃毒物留在堆内,它们对中子的吸收将缩短堆芯寿期,即所谓的反应性惩罚,或称为寿期亏损。而理想情况应该是,在寿期初,可燃毒物的吸收截面不要太大,以减小 k_{eff} 偏离初始值的大小,而随着可燃毒物的不断消耗,要求其吸收截面不断变化,以减少寿期末的可燃毒物留存量。压水堆核电厂里,实际上采用非均匀布置的可燃毒物棒基本上可以适应这种要求。

4. 可燃毒物非均匀布置的 k_{eff} 变化

把可燃毒物做成棒状、管状或板状,插入堆芯中,就形成了可燃毒物的非均匀布置。它的主要特点是在可燃毒物中形成强的自屏效应,为了说明自屏效应对有效增殖因数的影响,考虑在非均匀布置下,可燃毒物的燃耗方程

$$\frac{dN_P(t)}{dt} = - f_s(t)\sigma_{a,p}\Phi(t)N_P(t) \tag{6-17}$$

式中:$f_s(t)$ 为可燃毒物的自屏因子,其定义为

$$f_s(t) = \frac{\text{在可燃毒物中平均中子通量密度}}{\text{在慢化剂-燃料中平均中子通量密度}}$$

由此可知,可燃毒物的有效吸收截面为

$$\sigma_{a,\text{eff}}^{P} = f_s(t)\sigma_{a,P} \tag{6-18}$$

图 6.26 表示可燃毒物的自屏效应随反应堆运行时间而变化。其中图(a)表示
在几个不同的运行时间,慢化剂-燃料可燃毒物中的中子通量密度分布;图(b)表示
可燃毒物的有效微观吸收截面、宏观吸收截面和可燃毒物的核密度随反应堆运行
时间的变化。

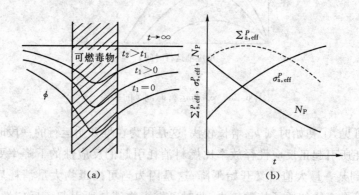

图 6.26　可燃毒物的自屏效应随时间变化

从图中可知,在堆芯寿期初,可燃毒物中的中子通量密度大大低于慢化剂-燃
料中的中子通量密度,这时可燃毒物的自屏效应很强,f_s 值很小,可燃毒物的有效
微观吸收截面也很小,因此有效增殖因数偏离初始值的程度也较小。但是随着反
应堆的运行时间的增长,可燃毒物不断地燃耗,自屏效应逐渐地减弱,f_s 值逐渐地
增大,可燃毒物的有效微观吸收截面也逐渐地增大,可燃毒物的燃耗也更快。在堆
芯寿期末时,堆芯内可燃毒物核的残留量很小,因而对性能寿期并没有显著地
影响。

图 6.27 表示可燃毒物不同位置对有效增殖因数的影响。从图中可以清楚地
看出,在相同的堆芯寿期条件下,有可燃毒物时的初始 k_{eff} 值比无可燃毒物时的初
始 k_{eff} 值要小。其中当可燃毒物非均匀布置时,在整个堆芯寿期内,k_{eff} 的最大值不
超过初始值;而当可燃毒物均匀布置时,k_{eff} 的最大值要大大超过其初始值。因此,
在这三种情况中,可燃毒物非均匀布置时,反应堆所需的控制棒数目最少。

另外,可燃毒物非均匀布置也可以用来展平堆芯中的功率分布。

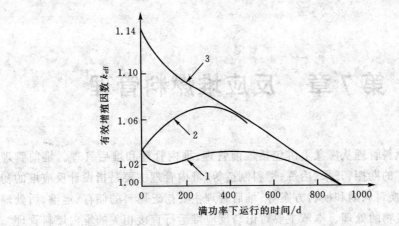

图 6.27 可燃毒物对有效增殖因数的影响

1—可燃毒物非均匀布置；2—可燃毒物均匀布置；3—无可燃毒物

第 7 章　反应堆燃料管理

反应堆燃料管理从广义上讲包括堆前管理、堆内管理和堆后管理。堆前管理主要是指铀矿的勘探、开采、冶炼、燃料制造等；堆内管理主要是指设计反应堆的初始装料方式、换料周期和换料方案等；堆后管理主要指乏燃料的储存、运输、后处理以及放射性废物的处理。本章主要讨论与反应堆运行直接相关的堆内燃料管理。

7.1　核燃料循环

铀矿的开采，燃料元件制造，燃料在反应堆内的"燃烧"，直到从卸料元件中回收燃料并再制成燃料元件、回堆复用这样一个全过程，称为核燃料循环。

整个核燃料循环管理可以分为以下三个部分：

①燃料的首端管理，采矿、转化、加浓及燃料元件的制造；

②堆内燃料管理，堆内燃料布置，反应性和控制要求的估算，燃料成分随运行时间的变化，功率分布分析，堆芯性能评价以及在整个寿期内的卸料和装料程序；

③燃料的尾端管理，燃料储存、运输、后处理、再制造及废物处理。

燃料循环过程示意如图 7.1 所示。

核电站在经济上优于常规电站，其主要原因在于它的燃料成本非常低。主要取决于堆芯燃料管理以取得最低的燃料成本。

7.2　压水堆装、换料布置方式

压水堆的装料布置基本上分均匀布置和非均匀布置。均匀布置的换料方式又可以分为整批换料和分批换料。

1. 均匀布置，整批换料，燃耗比其他方案都小

堆芯中心处的中子通量密度峰造成这部分燃料元件的燃耗较深，并在堆芯寿命末期使功率分布得到相当程度的展平（见图 7.2）。不幸的是，这种均匀布置将造成堆芯寿命初期的功率峰值因子较大，同时也造成了装在堆芯边界处的燃料元件燃耗过低，而且堆芯内功率分布随时间和空间有很大的变化，对于载热带来了较

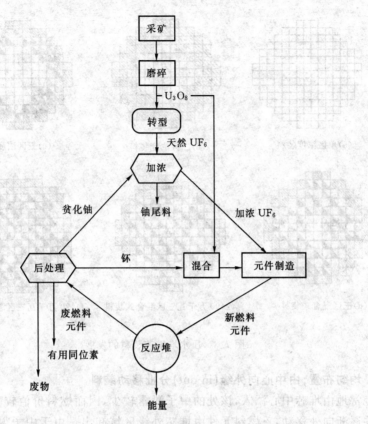

图 7.1 燃料循环过程示意图

大的困难。因此,除了早期个别试验电厂和特殊用途的动力堆外,后来的压水堆核电厂均不采用这种装换料方式,装料布置如图 7.3(a)所示。

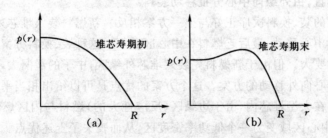

图 7.2 整批换料引起不均匀燃耗所产生的功率分布变化

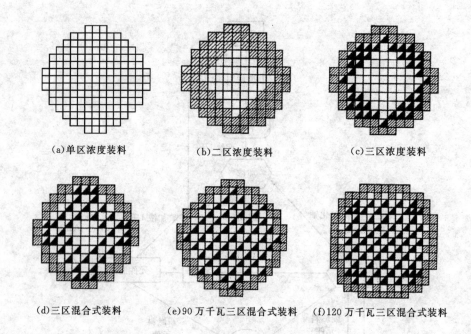

(a)单区浓度装料　　　　　(b)二区浓度装料　　　　　(c)三区浓度装料

(d)三区混合式装料　　　(e)90万千瓦三区混合式装料　　(f)120万千瓦三区混合式装料

图 7.3　压水堆堆芯装料的发展

2. 均匀布置,由中心向外缘(in-out)分批移动装料

经常地由堆芯中心添入,该处的中子泄露较少,因而燃料价值较高,然后将燃料元件逐渐向外移动,乏燃料元件由堆芯外缘区域卸出。由于中子得到最有效的利用,采用这种燃料管理方案所获得的燃料为各方案中的最高者。然而,由于在堆芯中央的中子通量密度与易裂变核密度均为最高,向外逐渐减小,因此,堆芯中功率密度的变化甚至比整批换料还大。

3. 均匀布置,由外缘向中心分批移动装料

这一方案的装、换料次序正好与上一方案相反。新燃料装入堆芯外缘区,然后将燃料逐渐向中心移动,最后乏燃料在中心区卸下。这种装、换料方案的燃料燃耗比整批换料的要大。但由于新燃料先装入堆芯外缘区,中子的泄漏大,因而中子利用率不如由中心向外移动的方案。这个方案的优点是可以给出相当平坦的径向功率分布,然而,在大型堆芯内,由于边缘区(反应性大的)燃料与内区燃料的中子耦合较差,致使中心区域变为一个低功率密度区,从而丧失了上述优点。

4. 分区布置,分批换料

在初装料时,将不同富集度的燃料按富集度由低到高顺序在堆芯由中心向外缘布置(见图 7.3(b),(c))。表 7.1 表示出了图 7.3(c)的装料说明。

表 7.1　三区装料说明

堆芯位置	^{235}U 富集度（质量分数）/%	组件数
内区	2.1～2.4	41
中区	2.6～2.8	40
外区	3.0～3.2	40

各区的组件数约为总数的 1/3,组件结构形式完全相同,只是其中燃料芯块的富集度不同。这种分区装料方案与均匀装料、整批换料方案相比,反应堆的主要物理性能差别如表 7.2 所示。

表 7.2　均匀装料与分区装料堆芯性能比较

装料方式	初始 k_{eff}	平均转换	径向功率不均匀系数	燃耗深度（第一循环）/ MW·d/tU
均匀装料 $C_5=2.8\%$	1.24	0.58	1.84	15700
分三区装料:内区 2.5%, 中区 2.8%,外区 1%(C_5)	1.225	0.57	1.40	14000

　　由于在分区装料方案中将较高富集度的燃料放在外区,因此其中子泄漏的概率增大,对中子经济性不利。同时压力壳内的中子注量较高,对压力壳的热冲击大,使压力壳的寿命缩短。高富集度燃料在外区,对反应堆的反应性贡献也略有减少,因此堆的燃烧周期较短,而燃耗深度也较浅。但是,这种分区装料的突出优点在于:它展平了堆芯功率密度的分布,大大降低了堆芯的功率分布不均匀系数,从而提高了反应堆的功率密度,可以充分发挥堆芯功率容量的潜力,同时能改善堆芯功率分布,更有利于反应堆安全运行。虽然分区装料在一次换料期内燃耗稍浅,但分区装料和分批换料相结合,则要比整体换料的燃耗深度大得多。例如,每次只卸下中心区域(占全堆 1/3)的燃料组件,将中区和几外区的组件依次内移,新燃料加在外区。这样每个组件将经历三个换料循环,每一次循环平均燃耗深度可达 8000～11000MW·d/tU,累计可达 24000～32000MW·d/tU,这是整体换料无法与其相比的。这种装换料方案,既展平了堆芯功率分布,又加深了燃耗,这对提高核电站反应堆的性能、降低燃料成本有明显的效果。

5. 分散布置, 分批换料

大型电站反应堆的换料方案多采用分散布置, 分批换料(见图 7.3(d)~(e))。它结合了分区布置和由外缘向中心分批换料的特点, 可以减少卸料时倒换料的次数, 功率分布不均匀系数较小, 平均燃耗较深。

6. 低泄漏装料

这是最近发展起来的压水堆的装料方式, 它吸收了前面几种装料方案的优点, 在这种装料方式中, 将新鲜燃料组件多数布置在离开边缘靠近中心的位置上, 把烧过两个循环以上燃耗深度比较大的组件安置在堆芯的最外边缘区, 把烧过一个和两个循环的组件交替地布置在堆芯的中间区。这种装料方式的重要优点在于: 由于新组件是布置在堆芯内区的, 最外区是燃耗深度较大的辐照过的组件, 因而堆芯边缘中子通量密度较低, 减少了中子从堆芯的泄漏, 提高了中子利用的经济性和芯部的反应性, 延长了堆芯的寿期。

但是, 低泄漏装料也带来了新的问题。由于新燃料组件装入到中心, 因而使功率峰值较内外装料方案时增加。为了得到可接受的功率峰值, 除了恰当地选择组件的合理布置外, 还必须采用一定数量的可燃毒物来抑制功率峰以达到允许的数值。

7.3 堆芯寿期

反应堆的有效增殖因数 k_{eff} 降到 1 时(即使将控制棒全部提出和硼浓度降到最低), 反应堆满功率运行的时间, 称为堆芯寿期。

对一座新堆(或换料后的堆芯), 其燃料装载量比临界质量要多, 初始有效增殖因数 k_{eff} 比较大, 即剩余反应性比较大, 因此, 必须用控制棒、硼酸毒物及可燃毒物棒来补偿, 才能在反应堆中实现自持链式反应(反应堆临界)。随着运行时间的增长, k_{eff} 逐渐减小。图 7.4 中给出了 k_{eff} 随燃耗的变化。

图中给出两条曲线: 一条(上)是平衡氙情况下的 k_{eff} 随燃耗的变化, 另一条(下)则是最大氙情况下的 k_{eff} 随燃耗的变化。前者的堆芯寿期(T_{L2})较后者的堆芯寿期(T_{L1})长。当 $t \leqslant T_{L1}$ 时, 反应堆在停闭后随时都可以启动; 但在 $T_{L1} \leqslant t \leqslant T_{L2}$ 时, 停堆后某一段时间(强迫停堆期间)内不能启动。

对压水堆核电厂运行, 通常将堆芯寿期分为寿期初(BOL)、寿期中(MOL)及寿期末(EOL)3 个阶段。

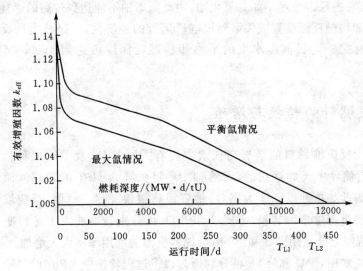

图 7.4　k_{eff} 随燃耗的变化

7.4　燃耗

在压水堆电厂中,通常将单位质量燃料所发出的能量,称之为燃耗。

$$\alpha = \frac{N_t \cdot t}{W_u}(\mathrm{MW} \cdot \mathrm{d/tU}) \qquad (7-1)$$

式中:W_u 为核燃料质量,tU;$N_t \cdot t$ 为核燃料所发出的能量,MWd。所以燃耗是燃料贫化的一种度量,它表示了反应堆积分能量的输出。除了采用单位 MW·d/tU 度量外,还可采用有效满功率天(EFPD)、有满功率小时(EFPH)单位。1 EFPD 表示反应堆在 100% 满功率下运行 24 h 。1 EFPH 表示反应堆在 100% 功率下运行于 1h。但在 50% 功率下运行 2h,在 25% 功率下运行 4h 都是 1EFPH。每个核电厂具有不同的额定功率,因此两个不同的电厂不能用 EFPH 来比较。但用 MW·d/tU 描述的核燃料的一种性质,对比不同核电厂的燃耗是很重要的量。广东大亚湾核电厂的最大燃耗,约为 38500 MW·d/tU,而其平均燃耗约为 33000 MW·d/tU。

从堆芯中卸出的燃料所达到的燃耗深度称为卸料燃耗深度。它受到反应堆核特性和燃料元件本身的性能的影响。反应堆核特性主要是指反应堆中初始的剩余反应性。从物理上讲,反应堆初始剩余反应性越大,燃料元件在堆内燃烧的时间越长,燃耗深度越大。但实际上,卸料燃耗深度主要受到燃料元件材料性能的限制。燃料元件的材料性能主要是指燃料元件在各种工况下的稳定性。例如,用金属铀为核燃料时,由于它在高温下要发生相变,在高中子通量密度和 γ 射线的辐照下要发生肿胀,它的稳定性远不如二氧化铀,因此金属铀不能达到较高的燃耗深度。

平均卸料燃耗深度直接关系到核电厂运行的经济性,它是核电厂反应堆设计的重要指标之一。目前压水堆的平均卸料燃耗深度可达到 45000 MW · d/tU 以上。

7.5　核燃料的转换与增殖

可作为反应堆燃料的易裂变核素主要有^{235}U,^{239}Pu 及 ^{233}U 三种。其中只有 ^{235}U 是在自然界中天然存在的,天然铀中^{235}U 的丰度只有 0.714%,而^{238}U 却占 99.28%,因此如单纯以^{235}U 为燃料,铀资源将很快耗尽。幸而,反应堆在运行过程中存在着重同位素的转换,如^{238}U 和^{232}Th 可分别转换成人工易裂变核素^{239}Pu 和^{233}U。若能充分利用^{238}U 和^{232}Th,则燃料资源的利用率将大大增加。

在反应堆中,^{238}U 和^{232}Th 可分别通过以下过程转换成^{239}Pu 和^{233}U。

$$^{238}\text{U} \xrightarrow{(\text{n},\gamma)} {}^{239}\text{U} \xrightarrow{\beta^{-1}} \text{Np} \xrightarrow{\beta^{-1}} {}^{239}\text{Pu}$$

$$^{232}\text{Th} \xrightarrow{(\text{n},\gamma)} {}^{233}\text{Th} \xrightarrow{\beta^{-1}} {}^{233}\text{Pa} \xrightarrow{\beta^{-1}} {}^{233}\text{U}$$

我们把这种通过转换产生易裂变核素的过程叫做转换。例如,在轻水堆中新燃料一般是富集度为 3% 的低富集铀,运行一年后的乏燃料中大约含有 0.6%~0.8%的^{239}Pu。如把所产生的^{239}Pu 从中提取出来,重新加工成新燃料装入堆芯加以利用,则燃料的利用率将大大提高。

通常用转换比 CR 来描述燃料转换的效率。它定义为,反应堆中每消耗一个易裂变材料原子所产生新的易裂变材料的原子数,即

$$CR = \frac{易裂变物质的生成率}{易裂变物质的消耗率} = \frac{堆内可转换物质的吸收率}{堆内所有易裂变物质的吸收率}$$

根据转换比的定义,在 N 个易裂变核消耗的同时,将会有 $N \cdot CR$ 个新的易裂变核的产生。假设新产生的易裂变核与原来的易裂变核相同,那么它们又将参与新的转换过程而生成 $N \cdot C \cdot CR = N \cdot CR^2$ 个新易裂变核。如此继续下去,可以得出在 $CR<1$ 的情况下,最后实际能利用的易裂变核素总量为

$$N + N \cdot CR + N \cdot CR^2 + N \cdot CR^3 = N/(1 - CR) \tag{7-2}$$

例如,对于轻水反应堆,$CR \approx 0.6$,因此最终被利用的易裂变核素约为原来的 2.5 倍。这样,轻水堆对天然铀资源的利用率达 1.8%。

若某反应堆的 $CR=1$,则每消耗一个易裂变核素的同时将产生一个新的易裂变核,这样的反应堆内可不断地转换而无须添加新的易裂变核。若某反应堆的 $CR>1$,则产生的易裂变核大于消耗的易裂变核,反应堆除了维持自身需要外,还

能将多出来的易裂变核供给其他新反应堆使用。这样的反应堆称为增殖堆,这时的转换比称为增殖比,并用符号 BR 加以区别。

下面来进一步考察转换或增殖过程的物理特性及实现增殖的条件。设易裂变核每吸收一个中子的中子产额为 η,则为维持链式反应必须有一个中子被易裂变核吸收,剩余的中子扣除被其它材料所吸收或泄漏后就可以用来转换。因此根据中子平衡关系和 CR 的定义有

$$CR = (\eta-1) - A - L + F \qquad (7-3)$$

式中:η 为有效裂变中子数;A,L,F 分别为每吸收一个易裂变核的同时其它材料吸收的中子、泄漏的中子数和可转换核快中子裂变的倍增中子数。

从式(7-3)可以看到,转换比或增殖比与 η,A,L,F 有关。显然,只有当 $\eta>1$ 时才有可能发生转换;而要实现增殖,则必须要求 $\eta>2$。这是因为还要考虑到吸收和泄露的缘故。表 7.3 给出了 ^{235}U,^{239}Pu 及 ^{233}U 在不同能区的 $\eta-1$。由表 7.3 可见,对于 ^{235}U 和 ^{239}Pu,只有能量相当高时($E>0.1$MeV),$\eta-1$ 的值才比 1 大得多,因而在热中子反应堆中利用 ^{235}U 和 ^{239}Pu 作燃料不可能实现增殖,而只有在快中子堆中才可能实现增殖,这种反应堆称为快中子增殖堆。堆芯内平均中子能量越高,增殖性能越好。

对于 ^{233}U 则不同。从理论上将,通过 ^{232}Th 增殖 ^{233}U,不仅在快中子堆中可以实现,而且在热中子堆中也有可能实现,只不过增殖效率较低。

表 7.3 ^{235}U,^{239}Pu 及 ^{233}U 的增殖能力($\eta-1$)

核素	中子能量				
	热中子	1~3keV	3~10keV	0.1~0.4MeV	0.4~1MeV
^{239}Pu	1.09	0.75	0.9	1.6	1.9
^{235}U	1.07	0.75	0.8	1.2	1.3
^{233}U	1.20	1.25	1.3	1.4	1.5

现在讨论一下影响增殖的因素。首先,核燃料和可转换材料以外的其它物质(如冷却剂、结构材料和裂变产物)的吸收 (A) 将使转换比(或增殖比)降低,这是由于在热能区这些材料的热中子吸收截面比较大。而对于快中子反应堆,它们的有害吸收比较小,对增殖能力的影响也就小,表 7.4 很好地说明了这一点。其次,泄漏损失 (L) 也同样影响转换比(或增殖比)。对于热中子反应堆来说,堆芯体积大,泄漏损失比较小;而对于快中子反应堆,由于芯部体积小,泄漏损失相当可观。因此为减少泄漏损失,通常在快中子反应堆芯部外围布置可转换材料(如 ^{238}U)构成"再生区",用来吸收泄漏出堆芯的中子,以提高增殖比。再生区非常厚,这使得

快堆的泄漏损失可以减小到极小的程度。最后，^{232}Th 和 ^{238}U 的快裂变份额(F)对热中子堆来说是很小的，而对快中子堆则可达到 0.20 左右。综上所述，可以看到快堆具有作为增殖堆的更多有利条件。

表 7.4　影响反应堆增殖特性的有关参数

参数	^{235}U 钠冷快堆	^{235}U 压水堆
η	2.12	2.07
A	0.133	0.58
L	0.0167(0.4)[①]	0.0505
F	0.232	0.0805
BR 或 CR	1.2	0.53

注:① 0.4 为芯部向再生区的泄漏。

第 8 章　反应堆启动与关闭

本章主要讨论反应堆启动和关闭的有关问题。反应堆启动指的是堆内所有运行系统从冷态停止状态到热态运行状态的过程,实现反应堆临界是这个过程的主要部分;反应堆关闭的过程与之相反,是指反应堆从运行状态到链式反应停止的过程。这两个过程都有着复杂的物理过程和大幅度的热工参数变化范围,这些对反应堆的安全至关重要。

8.1　反应堆物理启动

物理启动是反应堆首次启动的重要组成部分。新建造的反应堆在启动之前,虽然经过理论的计算,在零功率堆上进行过实验研究,对堆的物理特性有一定的了解,但是,由于理论计算的简化,实验条件的差异,还不能全面、准确地把握它的性能。反应堆首次启动就是在这种条件下谨慎小心的进行的。对于刚换过燃料的反应堆,由于燃料装载情况的变化,堆芯各部件特性的变化,以及工艺安装偏差等原因,在没有确切掌握上述变化特性时,反应堆的启动也类似于首次启动。在反应堆首次启动时,必须通过大量试验来测定和研究反应堆各组成部分的性能,其中关于堆物理特性方面的试验和研究,称之为"物理启动"。

反应堆物理启动试验的主要目的,是充分了解反应堆的物理性能,从而指导反应堆的完全运行。当然,物理启动试验所得的数据,对于校核理论计算,改进反应堆设计也是很有价值的。

关于反应堆物理启动试验的基本任务,可以概括为如下三项。

①确保新建造的或更换过燃料的反应堆第一次安全地开到满功率。

②检验反应堆的可控性,校核冷停堆深度;给出按提棒程序的热态分组棒临界位置,为以后估算燃耗提供数据。

③刻度自动棒,测量温度系数、功率系数及平衡中毒反应性等,了解堆的调节性能。

以下主要讨论反应堆启动到满功率过程中的有关物理问题。

为了在启动时满足探测器所要求的最低中子计数率,以避免启动过程的盲目性,必须在堆芯内装入中子源。中子源可分两类:①初级中子源,在首次启动时使用;②次级中子源,经中子辐照后被激活,成为中子源。

核电厂中通常使用的初级中子源为钋-铍源。钋同位素是不稳定的,它将以138.4 天的半衰期发生 α 衰变,所产生的 α 粒子与铍发生以下核反应后产生中子

$$\alpha + Be \rightarrow C + n \tag{8-1}$$

核电厂中通常使用的次级中子源为锑-铍源。$^{123}_{51}Sb$ 在中子的辐照下发生以下核反应

$$^{123}_{51}Sb + ^1_0 n \rightarrow ^{124}_{51}Sb \tag{8-2}$$

以上核反应所产生的$^{123}_{51}Sb$ 是不稳定的,它将发生 γ 衰变,半衰期为 60.9 天,进而又和铍发生光中子反应

$$\gamma + Be \rightarrow 2He + n \tag{8-3}$$

核电厂中趋近临界操作是以次临界增殖公式作为理论依据的。次临界增殖公式如式(8-4)所示

$$N = \frac{S_0}{1 - k_{eff}} \tag{8-4}$$

它表明处于次临界的反应堆中,在外中子源存在的情况下,系统内的中子数将趋近于一个稳定值。实际上反应堆起着放大中子源的作用,放大系数为 $1/(1-k_{eff})$,$1-k_{eff}$ 称为次临界度。反应堆内总的中子数与中子源强度成正比,与次临界度成反比。当反应堆临界时,反应堆内总的中子数将趋向无穷大。一般来说,反应堆内的中子源强度是不变的,这样 $1/N$ 就与 k_{eff} 成线性关系,如图 8.1 所示。

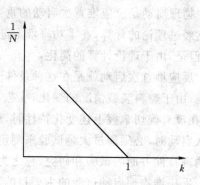

图 8.1　$1/N$ 与 k_{eff} 之间线性关系

8.2　初次临界

压水堆的初次临界是通过从堆内相继提升各组控制棒组件,并交叉地稀释冷却剂中的硼浓度,直至反应堆的链式裂变反应能够自持来达到的。具体步骤如下。

1. 提升控制棒组件(以 A 运行模式为例)

在控制棒组件全插入堆芯的初始工况下按规定依次提升控制棒组件中的停堆棒组 S_A,S_B,调节棒组 A,B,C;然后把调节棒组 D(又称主调节棒组)提升到相当

于积分价值约为 100 pcm 插入位置时为止,在提棒过程中以及提棒后,应密切观察核测量系统源量程测量信道的中子计数;并且根据中子注量率的变化情况,随时调整控制棒组件的提升速度,每提升若干步(步数由反应性的每次增加量来确定),应等待一段时间,测量中子计数,作棒位和计数率倒数曲线,如图 8.2 所示并从曲线外推来预计临界值,在确保安全的前提下,再进行第二步操作。

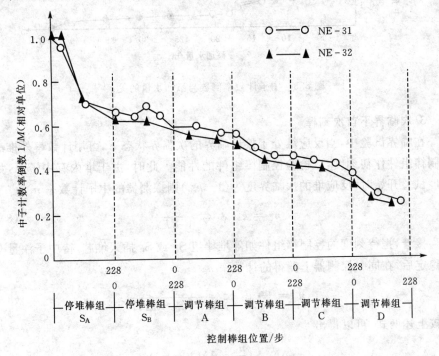

图 8.2　中子计数率倒数与控制棒组件位置的关系

2. 减硼向临界接近

减硼是通过化学和容积控制系统的上充泵,将补给水以规定的流量注入堆芯,并将相同数量的冷却剂排向硼回收系统实现的。按物理设计要求,减硼速率规定为因硼稀释而引起的反应性增加量每小时不超过 1000 pcm。在减硼过程中,每隔一刻钟停止稀释,对一回路系统和稳压器作取样分析。由于稳压器硼浓度的变化滞后于一回路系统冷却剂硼浓度的变化,为了促使混合均匀,必须投入稳压器的全部电加热器,并打开喷雾器,使两者之间的硼浓度差值小于 $20\mu g/g$;然后,测量中子计数率,直至反应堆的次临界度约为 -50 pcm 为止。函数的外推曲线,如图 8.3 所示。

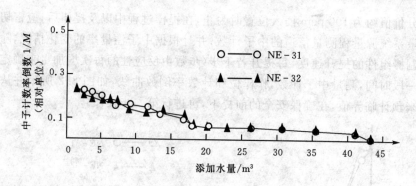

图 8.3　中子计数率倒数与添加水量的关系

3. 次临界下首次刻棒

在临界试验中,当反应堆处于接近临界的次临界状态下,可用计数率外推法对控制棒组件作初刻度,以检验控制棒组件的性能。此时,由于堆内有中子源,如果刻度试验开始时,反应堆的次临界度为$(1-k_{eff})$则探测器的中子计数率 n_1 为

$$n_1 = k \cdot \phi_1 \propto \frac{S}{1-k_{eff}} \qquad (8-5)$$

接着,把待刻度的控制棒组件如停堆棒组 S_A 或 S_B 插入堆芯,待中子注量率分布稳定后,在同一探测器上测得的计数率 n_2

$$n_2 = k \cdot \phi_2 \propto \frac{S}{1-(k_{eff}-\Delta k)} \qquad (8-6)$$

比较上述两式,可以得出

$$\Delta k = (\frac{n_1}{n_2}-1)(1-k_{eff}) \qquad (8-7)$$

这里,Δk 即为所刻度控制棒组件的价值。

用这种方法刻度控制棒组件时,由于测量计数的误差和控制棒组件插入时对中子注量率的扰动等影响,刻度的结果比较粗糙,但可获得各控制棒组件大致的反应性价值。

4. 提棒向超临界过渡

减硼操作到反应堆次临界度约为 50 pcm 时,提升主调节棒组 D,向超临界过渡。这时,可能有下面两种情况。

最后一次减硼操作,经充分混合后,系统已达临界。这时,可通过微调主调节棒组 D,以中子计数每分钟增加 10 倍的速率,提升堆功率到零功率规定水平,然后,插入 D 棒至刚好使反应堆临界的棒位;减硼稀释后,如果按规定速率提升 D 棒达到抽出极限,反应堆仍未临界,则必须重新插入 D 棒,再次以每小时 300 pcm 的恒定速率继续减硼,重复上述操作步骤,直至出现正周期为止,然后,提升功率到零功率规定水平。

8.3 低功率物理试验

低功率物理试验主要是在热态、功率稍高于零功率时进行的堆物理特性试验,所取得的实验数据用来为运行服务和校核理论计算。试验时,蒸汽排向凝汽器或排向大气。低功率物理试验主要内容如表 8.1 所示。

表 8.1 低功率物理试验

项目	条件	试验内容
控制棒价值和硼价值测定	热态零功率	在冷却剂硼稀释或加浓过程中,测定控制棒组件微分价值、积分价值以及整个棒组行程范围内的硼微分价值
模拟弹棒事故试验	热态零功率	在模拟弹棒情况下测定: ①弹出棒价值; ②临界硼浓度; ③堆内注量率分布,计算热管因子,并核实是否满足事故分析中所作的规定
最小停堆深度验证	热态零功率	当具有最大反应性价值的一根控制棒组件卡死在堆顶时,测定堆内是否仍具有 $1\% \Delta k/k$ 停堆深度的硼浓度值
慢化剂温度系数测定	热态零功率	测量慢化剂的等温温度系数
功率分布测定	低功率	在正常的棒位布置情况下,测量堆内功率分布,以验证燃料组件装载的正确性
放射性水平测定		测定核电厂内部及周围的放射性剂量水平
压力系数测定		确定反应性随冷却剂压力变化关系,由于数值较小,一般不测

8.4 反应堆停闭

核电厂的停闭就是把运行着的反应堆从功率运行水平降低到中子源水平,停闭运行有两种方式,即正常停闭和事故停闭。正常停闭又可按停闭的工况及停闭时间的长短分为热停闭(短期的停闭)和冷停闭(长期的停闭)两类。

1. 热停闭

核电厂的热停闭是短期的暂时性的停堆,这时,冷却剂系统保持热态零负荷时的运行温度和压力,二回路系统处于热备用工况,随时准备带负荷继续运行。

反应堆从热备用工况进行热停闭时,反应堆的负荷降到零,所有调节棒组完全插入,停堆棒组可以插入或抽出(但必须保证冷却剂维持在最小停堆深度的硼浓度),反应堆处于次临界,$k_{eff} < 0.99$。

一回路和二回路温度由控制蒸汽压力来维持,其能量来自堆芯的余热和冷却剂泵的转动,蒸汽排放到大气或凝汽器,一回路压力由稳压器的自动控制(加热或喷淋)使它维持在正常值。稳压器的水位则由化学和容积控制系统维持在零负荷值,如长时间内处于热停闭,则至少应有一台主泵在运行。

如果反应堆热停闭超过了 11 小时,堆内裂变产物氙毒的变化超过了碘坑,氙毒反应性减少,如果不加补偿,可能会使反应堆重返临界,为此,必须进行冷却剂加硼操作,以保证在热停闭期间 k_{eff} 始终小于 0.99。

2. 冷停闭

反应堆处于热停闭状态以后,才能进行冷停闭操作。冷停闭时,调节棒组及停堆棒组全插入,尚需向冷却剂加硼,以抵消从热态降到冷态过程中,因负温度效应引入的正反应性,维持堆的足够的次临界度。此外,还需要对系统进行冷却,具体的操作如下。

①冷停闭开始之前,首先降低容积控制箱的压力,关闭氢气供应管系,使冷却剂中氢气浓度降到 5 cm^3/kg 以下,用氮气吹扫容积控制箱气空间,以消除氢和裂变气体。

②对冷却剂加硼,根据棒位、硼浓度、氙毒变化等运行情况,准确估算实现冷停闭时冷却剂硼浓度规定值,和所需增加硼酸溶液的总容积,保证足够的停堆深度。加硼过程中,一回路系统的几个环路内至少要有一台主泵运行,并且加大稳压器喷雾流量,以均匀稳压器和冷却剂环路的硼浓度,使两者之差值小于 50 $\mu g/g$。加硼时,必须密切注视源量程通道计数率和冷却剂平均温度的变化,以观察和分析硼化效果,如发现计数率上升或冷却剂温度增加等异常现象时,应立即中止硼化操作,查究原因,纠正后方可继续进行。

在加硼操作时,反应堆补水控制开关置于"硼化"位置;加硼操作完成后,将补水控制开关转向"自动补给"位置,并按照冷停闭浓度重新调整硼酸控制给定值,以补偿在系统冷却过程中冷却剂的泄漏损失和体积收缩,确保容积控制箱内冷却剂的正常水平。

③冷却剂加硼到冷停闭工况所要求的硼浓度后,关闭稳压器的电加热器,手动

控制喷雾流量,使系统冷却卸压至常温常压,可分为以下两个阶段。

第一阶段堆芯的剩余发热和冷却剂的显热通过蒸汽发生器,由二回路控制系统把产生的蒸汽旁通到凝汽器,凝汽器真空度破坏时,可由释放阀向大气排放,使冷却剂冷却至 180℃,3.0 MPa。冷却剂系统的冷却速率应符合规定,冷却过程中必须保证冷却剂系统各环路的均匀冷却。在这个过程中还应注意:

a. 降温过程中要保证冷却剂温度比稳压器饱和温度稍低;

b. 冷却剂降压至 13.8 MPa 时,安全注射系统的动作线路应予以闭锁,否则,当压力再降低时,安全注射信号会启动高压注射泵向堆芯紧急注入含硼水;

c. 冷却剂降压至 6.9MPa 时,安全注入箱应予以隔离,关闭电动隔离阀,在控制室手动进行这个操作;

d. 在卸压过程中,依次打开各下泄孔板,以维持下泄流量在它的正常值附近,然后,增大上充流来淹没稳压器汽空间,并且打开喷雾器。

e. 当冷却剂压力降到 2.5～3.0 MPa,冷却剂温度低于 180℃时,启动余热排出系统,以控制一回路温度,以上是冷却卸压的第一阶段。

第二阶段将余热排出系统与化学和容积控制系统连接起来,以保证下泄流量,这时可关闭正常下泄管线上的下泄孔板。温度降低到接近于 180℃时,改善蒸汽发生器水的化学性质,以着手准备冷停闭。为此,在一定温度下注入化学添加剂,当获得了所需的水量以后,就让蒸汽发生器进入湿保养状态。用余热排出系统继续完成冷却,直至达到温度小于 70℃的冷停闭状态。

在停堆冷却过程中,对运转着的主泵和停转的主泵均需连续供应设备冷却水,及时冷却主泵的轴密封,直至一回路系统降温降压到冷态和主泵停转超过半小时为止。

上述冷却卸压的全过程,表示于图 8.4 中。

在切断了化学和容积控制系统的上充流以后,开动辅助喷淋系统,最终完成稳压器的冷却。

在稳压器和回路中的温度均匀了以后,就切断辅助喷淋管系,上充泵停转,并使一回路系统恢复到常压状态。

当有设备需要维修或堆芯要进行换料时,应在冷却剂温度降到 60℃,冷却剂加硼到 $k_{eff} < 0.9$ 规定值后进行。需要换料时,还应在吊起压力容器顶盖的同时,将含硼浓度($>2000\mu g/g$)水灌入堆池及运输管道,开动安全壳通风和过滤系统,以降低在维修或换料时的放射性水平。

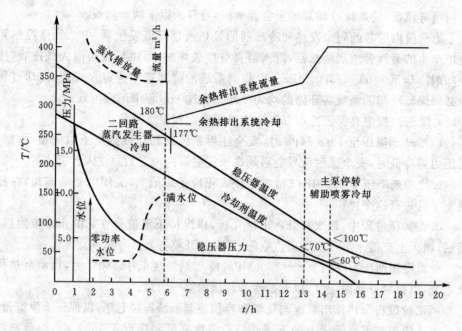

图 8.4　堆停闭时的降温降压过程

8.5　停堆深度

停堆深度(Shutdown Margin, SDM)的定义为,假定反应性当量最大的一束棒全部卡在堆外,其余所有棒(包括停堆棒和控制棒)全部插入堆芯时,由此使反应堆处于次临界或从现时状态将达到次临界,此时反应堆次临界的反应性总量。

停堆深度与反应堆的运行时间和运行工况有关,为了保证安全,应该有足够大的停堆深度。足够大的停堆深度能确保:

①反应堆可以在各种运行工况下达到次临界;

②对与假想事故工况有关的反应性瞬变,可控制在允许的限制范围内;

③反应堆可保持足够的次临界度,以防止反应堆在已处停堆情况下意外地到达临界。

停堆深度的要求在整个堆芯寿期内随着燃料的燃耗、反应堆冷却剂系统的硼浓度 C_B 和平均温度 T_{avg} 的变化而变化。最受限制的情况应该是在堆芯寿期末(EOL),平均温度 T_{avg} 处在无负荷运行温度下,发生了假想的主蒸汽管线破裂事故而造成了不可控的反应堆冷却剂系统的冷却。在该事故中,要求有一定的初始最小停堆深度来控制反应性瞬变。因此,对停堆深度的要求是建立在此限制条件的基础上的。

　　确定停堆深度时,需考虑停堆棒、控制棒、氙、硼和温度变化引起的反应性,一般不考虑钐的负反应性,这样所得到的停堆深度的结果偏于保守。

　　停堆后氙的变化可能向堆芯引入正反应性,也可能向堆芯引入负反应性,这取决于停堆的时间。停堆后,氙是碘衰变的结果,而氙也衰变,最终(经 3～4 d),将变成无氙状态。在停堆后约 24 h(视堆的具体情况可能不同)内,由于氙的存在及变化会使停堆深度增加,过了这段时间后,由于氙的衰变使停堆深度减小,必须向堆芯添加额外的负反应性。

　　停堆时,控制棒肯定总是全部插入的。停堆棒的运行状态只有两种,全插入堆芯或全提出堆芯。

　　当反应堆冷却剂系统硼化充分,足以保证最小停堆深度时,停堆棒可以插入堆芯。在其它任何时候(包括由硼、氙及平均温度变化向堆芯引入任何正反应性),停堆棒必须全提出堆芯,这样可以保证用停堆棒的负反应性引入来抵消任何形式的正反应性添加。

　　停堆后,电厂降温会向堆芯引入正反应性,这样引入的反应性量是温度变化和硼浓度的函数。

　　硼的反应性效应是硼浓度变化引起的。硼的微分价值(当时的硼浓度和慢化剂平均温度下)乘上硼浓度的变化量,即可求得由于硼浓度变化而引入的反应性量。

　　停堆反应性是氙、钐、控制棒、温度和硼变化引起的反应性量总和,其中控制棒反应性是指与棒完全提出堆芯的情况相比较的堆芯插有控制棒情况的反应性(负值)。

8.6　衰变热

　　压水堆在停闭后的相当长时间内,由于核分裂所产生的裂变产物的 β、γ 放射性衰变而放出的热量是相当可观的,以一个在满功率运行超过 100 d 的压水堆为例,堆热停闭后,它的停堆剩余发热随时间的下降大致如表 8.2 所示。

表 8.2　反应堆停闭后的剩余发热

停闭后时间	衰变热($\%P_n$)
1 min	4.5
30 min	2.0
1 h	1.62
8 h	0.96
18 h	0.62

衰变热可按下式近似算出

$$衰变热 = 0.0622P[T^{-0.2} - (T + T_1)^{-0.2}] \qquad (8-8)$$

式中:P 为反应堆热功率,MW;T_1 为运行时间,s;T 为停闭后时间,s。

因此,压水堆停闭后,为了除去衰变热,防止燃料元件包壳融化,主泵必须继续运转,衰变热通过蒸汽发生器由二回路带出,当一回路压力、温度降到一定程度时,余热排出系统必须投入。若在反应堆停闭的同时发生了断电事故,主泵不能工作时,则依靠冷却剂自然循环使堆芯冷却,系统也靠应急电源的投入而继续工作,此外,在发生一回路管道破裂的失水事故时,由安全注射系统将硼水注入堆芯,为堆芯提供应急的和持续的冷却。

第9章 核反应堆运行

核反应堆运行的目的是输出功率,并且能够根据负荷改变功率的大小,这就涉及到反应性控制的问题,以及在此过程中堆芯自身的安全问题。目前在役的大型压水堆主要采用基负荷运行的模式,也就是说反应堆在运行过程中保持功率基本不变,不随电网负荷的变化而改变。随着核电装机容量的增加,势必要求核电厂参与电网的调频调峰,这对核反应堆的变功率运行提出了新的要求。本章主要介绍几种有代表性的核反应堆运行模式、在运行中功率分布的变化特点、安全准则以及功率控制原理。

9.1 反应堆功率(中子通量密度)的测量

反应堆功率的测量是由堆芯内核测量系统和堆外核测量系统来完成的。堆芯内核测量系统测量得到的结果供监测用,堆外核测量系统测量得到的结果为控制、安全保护动作提供信号。

1. 堆芯内核测量系统

堆芯内核测量系统是由多个可移动中子探测器(如小裂变室)组成的。系统的特点是只提供数据供监测用,不给控制和安全保护系统提供信号,没有控制电厂运行的功能。大亚湾核电厂堆内核测量系统的检测通道布置如图9.1所示。每个检测通道都有特定的编号,1号机组的编号标在左方,2号机组的编号标在右方。探测器在指套管内部移动,从而达到在堆芯整个高度上逐点检测中子通量的目的,可得到轴向中子通量密度分布,将所测得的数据送入计算机,经过处理可以得到堆芯三维中子通量密度分布图。

2. 堆外核测量系统

堆外仪表系统是通过探测从反应堆堆芯泄漏的中子来监测堆功率水平的。监测堆芯的泄漏中子通量密度基于两点:①堆芯泄漏中子通量密度正比于堆中子通量密度;②中子探测器不在堆芯内工作,因此设计和维修都比较容易、方便。这个系统为控制系统提供信号,还可以发出报警信号,它与保护系统相连,有停堆保护功能。

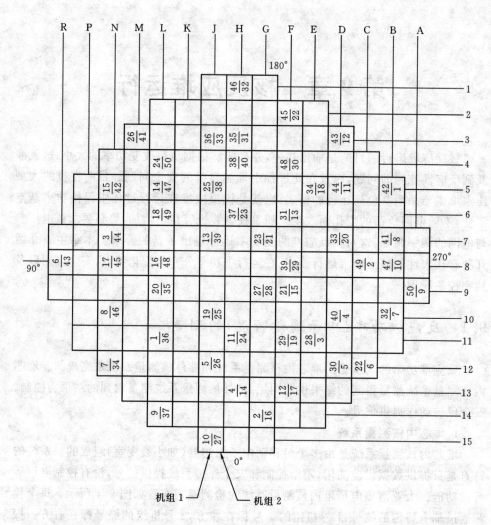

图 9.1 压水堆内中子通量检测通道布置图

堆外核测量系统的主要功能是：

①连续监测反应堆功率(功率变化及功率分布)，对测得的各种模拟信号加以显示记录。在反应堆装料、启动、停闭及功率运行时给操纵员提供反应堆内中子注量率的信息；

②监测反应堆径向功率倾斜和轴向功率偏差；

③向反应堆功率调节系统、反应堆保护系统提供中子功率信号，当中子注量率高、中子注量率变化率高时，触发反应堆紧急停闭。

　　压水堆启动时,中子注量率的变化范围很大,从启动时功率至满功率时中子注量率变化可达到 6 至 12 个数量级。因此,如果只用一种探测器来覆盖所需要的整个测量范围,往往是很困难的,通常把所需测量范围分成几段,分别配以适当的核测量通道加以测定。一般分成源量程测量通道、中间量程测量通道和功率量程测量通道三段,各个测量通道所测定的范围如图 9.2 所示。从图上可以看出,各个量程之间的衔接至少重叠一个数量级,以保证控制和保护的连续性,各个量程测量通道通常选用的探测器及仪表组成如表 9.1 所示。

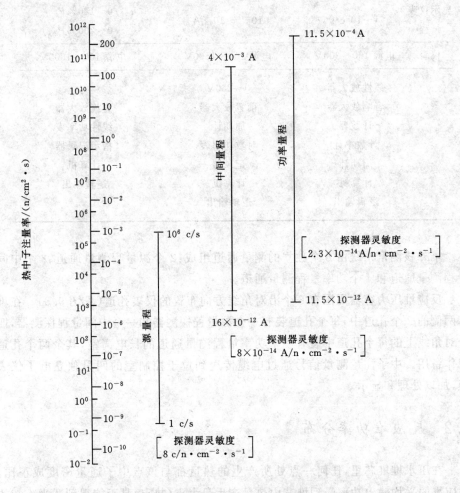

图 9.2　堆外核测量系统三个测量通道的测量范围

表 9.1 压水堆堆外核测量系统的组成

	源量程测量通道	中间量程测量通道	功率量程测量通道
探测器	硼正比计数管	硼补偿电离室	长电离室
灵敏度	$8c(n \cdot cm^{-2} \cdot s^{-1})$	$8 \times 10^{-14} A(n \cdot cm^{-2} \cdot s^{-1})$	$2.3 \times 10^{-14} A(n \cdot cm^{-2} \cdot s^{-1})$
探测器	$10^{-1} \sim 2 \times 10^{5}$	$2 \times 10^{2} \sim 5 \times 10^{10}$	$5 \times 10^{2} \sim 5 \times 10^{10}$
量程	$(n \cdot cm^{-2} \cdot s^{-1})$	$(n \cdot cm^{-2} \cdot s^{-1})$	$(n \cdot cm^{-2} \cdot s^{-1})$
显示仪表	$1 \sim 10^{7} c/s$	$10^{-11} \sim 10^{-3} A$	$0 \sim 120\% P_n$
量程			$0 \sim 200\% P_n$
仪表	电源 $100 \sim 300V$	电源 $100 \sim 1500V$	电源 $100 \sim 1000V$
	线性放大器	$0 \sim 250V$	
	音响放大器	前置放大器	直流放大器
	计数器	周期计	线性功率表
	计数率计	对数功率表	指示记录器
	周期计	记录器	计算机
	计算机	计算机	逻辑输出
	逻辑输出	逻辑输出	

堆外核测量系统由 8 个独立的测量通道组成：2 个源量程测量通道、2 个中间量程测量通道和 4 个功率量程测量通道。

反应堆压力容器周围有 8 个沿对角线方向布置的仪表孔道(见图 9.3)。在堆芯两侧的 2 个孔道中，每个孔道装有一个源量程探测器和一个中间量程探测器，四个对角线上的每个孔道中装有一个功率量程测量通道的长电离室，其余两个孔道留作备用。中子注量测量信号通过电缆传送到位于控制室的四只独立电子仪表柜，加以处理和显示。

9.2 反应堆功率分布

在压水堆堆芯里，任何一点处所产生的热量都与该点中子通量密度成正比。反应堆的平均输出功率受到堆芯内热量产生最大点(热点)是否能得到适当冷却的限制。反应堆运行过程中，仪表系统监测堆芯中子通量密度分布的目的在于要保证堆芯里任何一点所产生的最大功率都不会导致燃料元件损坏(包括燃料包壳破损)。

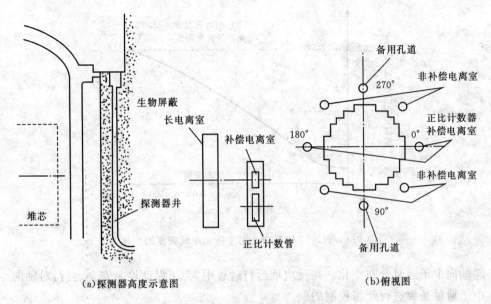

(a)探测器高度示意图　　　　　　　　(b)俯视图

图9.3　堆外核测量系统探测器布置

为了将燃料元件的最大功率限制在燃料元件设计限制值内,热工-水力学设计方面需要考虑的因素主要是堆芯内的释热与传热,要求堆内传热必须等于或大于堆内释热,以防燃料元件可能出现过热,以致烧毁。

同样堆功率分布也必须保持在有限值之内,以保证燃料元件包壳的完整性。要求做到以下几点。

①在所有运行条件下,在整个堆芯寿期内,燃料芯块的最高温度应该低于二氧化铀的熔化温度(2800℃),它对应的功率线密度约为755W/cm。实际上,燃料功率线密度应该低于设计的功率线密度590W/cm(2260℃)。燃料中心温度随功率线密度的变化如图9.4所示。

②在所有的运行条件下,堆芯任何位置上的燃料元件表面,都不允许发生偏离泡核沸腾(Departure from Nucleate Boling,DNB)现象,即实际的热流密度都不能达到临界热流密度。

根据美国相关法计算,偏离泡核沸腾比(Departure from Nucleate Boiling Ratio,DNBR)的限值为1.30(W3公式),而法国类型的压水堆核电厂DNBR限值为1.22(WRB-1公式)。

1. 轴向功率分布

图9.5给出了圆柱形堆芯轴向中子通量分布的示意图。轴向中子通量分布与控制棒的插入、燃耗、冷却剂温度分布等因素相关。氙的再分布以及氙振荡也会引

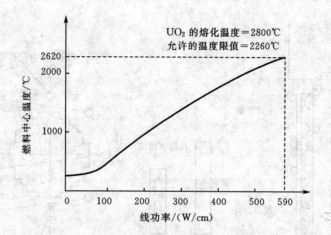

图 9.4　17×17 燃料中心温度随功率线密度的变化

起轴向中子通量分布变化。在反应堆运行过程中,为了保证堆芯安全运行,对轴向中子通量是要进行严格控制的。

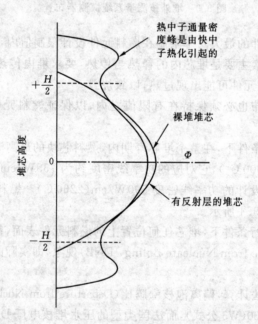

图 9.5　裸堆和有反射层堆轴向中子通量密度分布

在堆芯首次装料的热态零功率(HZP)工况,堆芯 BOL 的轴向功率分布如图 9.6 所示。由于堆芯装载的都是新元件,慢化剂温度是不变的,所以轴向功率分布

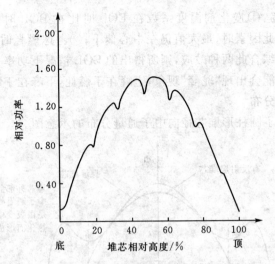

图 9.6　BOL 和 HZP 情况下相对轴向功率分布

是近似对称于堆芯中心的。图中曲线出现的凹陷是由于因科镍合金定位格架存在
处吸收中子而造成的中子通量密度下沉。当在有功率水平时,因为通过堆芯的冷
却剂存在着一定的出入口温差 ΔT,即堆芯入口温度低,出口温度高,沿轴向温度
不断升高。又考虑到慢化剂温度系数这一因素,堆芯上部功率密度较小,下部功率
密度较大,所以在 BOL 时,轴向功率分布中最大值位于堆芯中心偏下的地方,如图
9.7 所示。

图 9.7 中同时给出了堆芯寿期末(EOL)、热态满功率(HFP)、所有控制棒提
出堆芯(ARO),并处在平衡氙情况下的相对轴向功率分布。EOL 时,这种分布较

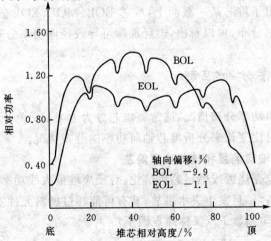

图 9.7　在 BOL、EOL、HFP、ARO 及平衡氙情况下的相对轴向功率分布

为平坦,其原因为:①慢化剂温度系数在 EOL 时比在 BOL 时负得厉害(绝对值大),所以单考虑此因素时,最大值仍在中心偏下;②考虑燃耗时,最大值应位于中心偏上的地方。综合此两种效应,则所得出的 EOL 情况下功率分布较为平坦。从图中可见也有可能会出现"驼峰"现象,上峰在于燃耗,下峰在于慢化剂温度效应。

2. 径向功率分布

图 9.8 给出了圆柱形堆芯径向中子通量分布的示意图。

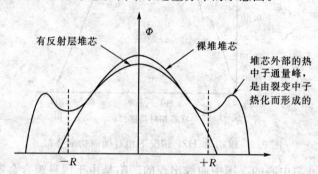

图 9.8　裸堆和有反射层堆径向通量密度分布

在压水堆核电厂运行中,为了保证安全运行,必须对径向功率分布的参数有一定的限制条件。影响径向功率分布的因素很多,如燃料组件的装载方案、可燃毒物棒布置方案、燃耗、功率水平、裂变产物(Xe)浓度、控制棒等。堆芯径向中子通量分布是由核燃料分区布置、可燃毒物的中心对称布置、控制棒的中心对称布置来达到设计要求的。在运行过程中是不能进行人为控制的。

图 9.9 中给出了堆芯某一截面上,堆芯 BOL、MOL、EOL 三个不同燃耗深度情况下的径向功率分布,可以看出,燃耗加深可导致径向功率分布展平。

9.3　轴向功率分布控制

为了研究轴向功率分布情况,通常将堆芯分为上半部分和下半部分,通过对堆芯两部分功率的对比变化来分析堆芯轴向功率的分布情况。

1. 热点因子、轴向偏移和轴向功率偏差

为防止燃料包壳烧毁或燃料芯块熔化,对反应堆最大线功率密度应加以限制。若线功率密度过高,一旦发生失水事故,就有可能超过燃料元件安全允许极限。为此,定义功率不均匀系数 F_q^T(又称热点因子)

$$F_q^T = \frac{(q_l)_{max}}{(q_l)_{av}}$$

(9-1)

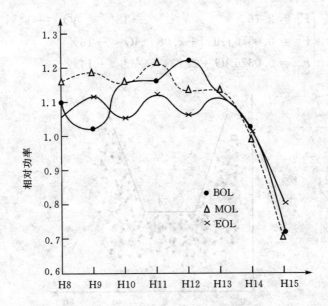

图 9.9　HEP、ARO、平衡氙情况下的典型堆芯径向功率分布

式中：$(q_l)_{max}$ 为堆芯最大线功率密度；$(q_l)_{av}$ 为堆芯平均线功率密度。

F_q^T 是一个不可测量的量，为了监测堆功率轴向分布，避免出现热点，对于 F_q^T 所规定的限值，可以通过轴向偏移 AO 来监测

$$AO = \frac{P_h - P_b}{P_h + P_b} \times 100\% \tag{9-2}$$

式中：P_h 为堆芯上半部功率；P_b 为堆芯下半部功率。

轴向偏移 AO 是轴向中子注量率或轴向功率分布的形状因子，在不同功率水平下，AO 可为常数，而上、下部功率差却是不同的，也就是说它不能精确地反映燃料热应力情况，为此定义轴向功率偏差 ΔI

$$\Delta I = P_h - P_b = AO(P_h + P_b) = AO \times P \tag{9-3}$$

事实上，由于 F_q^T 不可测量，对于一个给定的功率水平，是通过测得的 AO（或 ΔI）来实现对 F_q^T 的控制的。因此，需要建立 AO 与 F_q^T 之间的对应关系。

图 9.10 当反应堆处在正常运行状态、运行瞬变和有氙振荡时，进行模拟实验研究和计算，对 40000 个状态点得出的"斑点"。确定这些状态点的位置是为了能确定出包络线，它意味着，对于一个给定的 AO，不管反应堆是在 I 类或 II 类工况，堆芯功率不均匀系数 F_q^T 总是小于或等于包络线所给定的极限。超越这条包络线，堆芯性能就要恶化，包络线为

$$\begin{cases} F_q^T = 2.76 & -18\% < AO < +14\% \\ F_q^T = 0.0376|AO| + 2.08 & AO < -18\% \\ F_q^T = 0.0376AO + 2.23 & AO > +14\% \end{cases} \qquad (9-4)$$

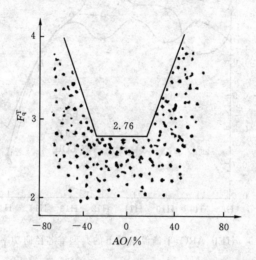

图 9.10　状态点、F_q^T 包络线与 AO 关系

2. 限制功率分布的有关准则

（1）防止燃料芯块熔化准则

燃料芯块温度不应超过氧化铀的熔化温度，对于新燃料，它是 2800℃，对应的堆芯线功率密度是 755W/cm。

（2）临界热流密度（DNB）准则

偏离泡核沸腾比（或称烧毁比）为临界热流密度与该点实际热流密度之比。在额定功率水平运行时，$DNBR > 1.9$，在功率突变或出现事故的瞬态过程中，应遵守 $DNBR \geqslant 1.3$ 的准则，因此，存在一个不能超越的功率（或 ΔT）极限，保证堆芯最热点的线功率密度不超过 590W/cm，即堆功率不能再继续上升，以防止燃料芯块熔化。

（3）和失水事故有关的准则

在发生失水事故的情况下，应该避免出现燃料包壳熔化。试验结果表明，燃料包壳不能超过的最高温度是 1204℃，相应的堆芯线功率密度理论极限值约为 480 W/cm，实用值选 418 W/cm，对应于事故发生后包壳的最高温度为 1060℃。

以 900 MW 级压水堆核电厂为例，一般情况下，其额定热功率 $P_n = 2775$ MW。其中燃料产生的功率份额 $= 0.974$，其余 2.6% 为在慢化剂中中子慢化过程和水吸收 γ 射线过程中所产生的能量。因此，堆芯平均线功率密度 $(q_1)_{av}$ 为

$$(q_1)_{av} = \frac{2775 \times 10^6 \times 0.974}{157 \times 264 \times 366} = 178 \text{ W/cm} \qquad (9-5)$$

式中:157 为燃料组件数;264 为每个燃料组件中燃料棒数;366cm 为燃料棒长度。

$$(q_1)_{max} = F_q^T \times (q_1)_{av} < 418\text{W/cm} \qquad (9-6)$$

对于 900MW 的压水堆堆芯,$(q_1)_{av}$ 的值为 178W/cm,这里 P 是用 $\%P_n$ 表示的相对功率,则失水事故准则可用下式表示

$$F_q^T \times P < \frac{418}{178} = 2.35 \qquad (9-7)$$

综上所述,防止堆芯熔化准则、临界热流密度(或 DNB)准则和失水事故有关准则限制了轴向偏移 AO 变化,其中以失水事故准则制约性最强,是建立安全运行区域的基本设计依据。

9.4　常轴向偏移控制(CAOC)

上世纪 80 年代初,西屋公司提出了 CAOC(Constant Axial Offset Control)运行方案。在此基础上又发展了 RAOC(Relax Axial Offset Control)运行方案。RAOC 只是在运行过程中,把 CAOC 运行限制区外短时间内的允许限制放松,挖掘了 CAOC 的潜力,提高了功率恢复能力。

CAOC 的原理为,不管反应堆运行功率水平是多少,保持反应堆轴向功率分布为同样的形状,即轴向偏移 AO 保持恒定值 AO_{ref} 来限制反应堆。

轴向偏移值 AO_{ref} 又称目标值或参考值。它的物理意义是,在额定功率下,平衡氙及控制棒全部从堆芯抽出(或处于最小插入位置)情况下,堆的轴向偏移值,即

$$AO_{ref} = \frac{P_h - P_b}{P_h} \times 100\% \qquad (9-8)$$

AO_{ref} 随燃耗而变化,其值从 $-7\%\sim+2\%$(在第一循环期间);反应堆寿期初,AO_{ref} 值一般在 $-7\%\sim-5\%$。当反应堆以常轴向偏移值 AO_{ref} 运行时,相应的轴向功率偏差的目标 ΔI_{ref} 为

$$\Delta I_{ref} = AO_{ref} \times P \qquad (9-9)$$

式中:P 为运行功率值。由此,可得出 $P-\Delta I$ 和 $P-AO$ 关系图,如图 9.11 所示。

由于 AO_{ref} 或相对应的 AO_{ref} 与燃耗有关,AO_{ref} 或 ΔI_{ref} 随着燃耗变化需定期修正,在实际运行中,保持 $AO=AO_{ref}=$ 常数,并非绝对不容许有丝毫地变化,而是在一个目标值附近的一个运行带的小范围内变动,通常保持在 $\Delta I_{ref} \pm 5\%$ 的区域之内,如图 9.12 所示。

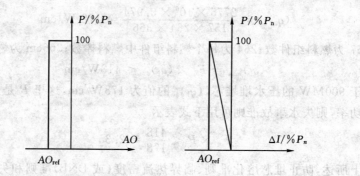

图 9.11 P-ΔI 与 P-AO 图

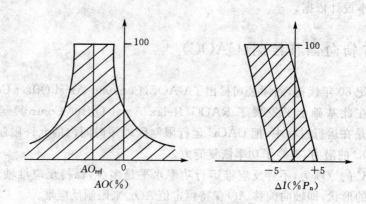

图 9.12 目标带

9.5 P 与 ΔI 保护梯形

为了运行控制的需要,应将 F_q^T-AO 关系式转换成 P-ΔI 关系。对于运行功率 $P=(0\sim100\%)P_n$,引入系数 $K=(q_1)\max/178$,则由式(9-5)可得

$$F_q^T = \frac{K}{P} \qquad (9-10)$$

$$AO = \frac{\Delta I}{P} \qquad (9-11)$$

把式(9-10)和式(9-11)代入式(9-4),就转换成 P-ΔI 关系式。

$$
\begin{cases}
P = \dfrac{K}{2.76} & -\dfrac{K}{2.76} \times 0.18 < \Delta I < \dfrac{K}{2.76} \times 0.1 \\[3mm]
P = 0.0181\Delta I + \dfrac{K}{2.08} & \Delta I < -\dfrac{K}{2.76} \times 0.18 \\[3mm]
P = 0.0169\Delta I + \dfrac{K}{2.23} & \Delta I > \dfrac{K}{2.76} \times 0.14
\end{cases} \tag{9-12}
$$

在式(9-12)所给出的梯形曲线中,所有的状态点都具有低于最大功率 $P_{\max}$ 的性质。

为遵守堆芯不熔化准则,$(q_l)\mathrm{max}/ < 590\mathrm{W/cm}$,把 $K=590/178=3.31$ 代入式(9-12)并把式中 P 由额定功率的相对值改为额定功率的绝对值($\%P_\mathrm{n}$)表示,则可得出满足堆芯不熔化准则的 $P-\Delta I$ 梯形关系式

$$
\begin{cases}
P = 120 & -22\% < \Delta I < +17\% \\
P = 1.81\Delta I + 159 & \Delta I < -22\% \\
P = 1.69\Delta I + 149 & \Delta I > +17\%
\end{cases} \tag{9-13}
$$

$P-\Delta I$ 关系图如图 9.13 中 $ABCD$ 梯形所示,称作堆芯燃料芯块不熔化保护梯形,对于 $-22\% < \Delta I < +17\%$,允许 $20\%P_\mathrm{n}$ 的超功率。实际运行时允许最大功率水平是 $118\%P_\mathrm{n}$,$2\%P_\mathrm{n}$ 留作设计裕量。图中 $A0D$ 即 $P \leqslant |\Delta I|$ 两侧是物理上不可能运行的区域。

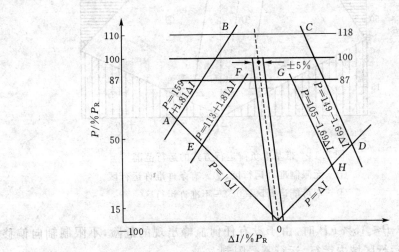

图 9.13　保护梯形与运行梯形

在讨论和失水事故有关的准则时,曾给出确保燃料包壳不熔化的堆线功率密度实用值为 $418\mathrm{W/cm}$。这样 $K=418/178=2.35$,将此值代入式(9-12)就得到遵守失水事故准则的所有运行工况都将位于出下列等式所决定的 $P-\Delta I$ 梯形之内。

$$\begin{cases} P = 87 & -16\% < \Delta I < +12\% \\ P = 1.81\Delta I + 113 & \Delta I < -16\% \\ P = 1.69\Delta I + 105 & \Delta I > +12\% \end{cases} \tag{9-14}$$

式(9-14)在图 9.13 中用 $EFGH$ 表示的梯形叫做运行梯形。应该指出,在压水堆正常运行期间,若 ΔI 在 $\Delta I_{ref} \pm 5\%$ 范围内时,允许在 $(0 \sim 100)\% P_n$ 功率间运行。

9.6　CAOC 的运行特性

带基本负荷运行方式的允许运行范围如图 9.14 所示,它是根据上述的运行梯形而确定的实用原则,既考虑在失水事故情况下的安全性,又考虑了运行的经济性。

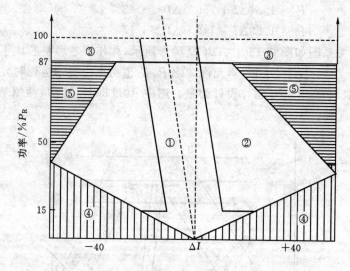

图 9.14　带基本负荷运行方式的运行范围
①—无限制准许运行区;②—有条件准许运行区
④—不可能运行区;③⑤—不准许运行区

①当功率 $P \leqslant 15\% FP$ 时,由于没有任何氙峰出现的危险,不限制轴向偏移值,可以不在运行区域内运行,运行不受限制。

②当功率 $15\% FP < P \leqslant 87\% FP$ 时,要求 ΔI 维持在运行带中。

在某些特殊情况下(如启动试验)可能会偏离出运行带(仍在运行梯形图内),但是在连续运行 12 小时内,偏离出运行带的累积时间不得超过 1 小时;超出运行梯形图的运行会出现报警,引起自动快速降负荷(runback),甚至停堆。

③当功率 $P>87\%FP$ 时。ΔI 必须严格保持在运行带内,否则会出现报警,引起自动快速降负荷,甚至停堆。

这条技术规范保证 DNBR 准则始终得到遵守,一系列的模拟瞬态分析证明,只要坐标点($P, \Delta I$)维持在梯形运行图中,DNBR 准则总是满足的($DNBR>1.22$)。

9.7　A 模式运行

A 模式(Mode A)是为带基本负荷电厂运行而设计的。但 A 模式也具有一定的小范围调峰能力。从核电厂系统来说,A 模式采用了机跟堆的控制策略,调整功率的速度较慢。A 模式的控制手段有控制棒和硼浓度。运行过程中 A 模式需要改变的硼浓度很小,因而废液很少。

1. A 模式的控制手段

通过平均温度调节系统使棒束型腔制棒组件自动移动,使反应堆处于临界,同时,为了限制功率分布的轴向偏差,运行人员采用手动操作来改变硼浓度,以限制调节棒的位移。

改变硼浓度是为了补偿燃耗和氙引起的反应性变化。当功率上升时,多普勒效应增加中子吸收。这时须通过提升调节棒以释放一部分后备反应性来补偿这个效应,功率上升越大,调节棒提升幅度也越大;功率上升又引起冷却剂平均温度提高,由于慢化剂温度效应,也引入负反应性。因此,对于每个负荷值都有一个调节棒组位置与之对应。实际上,由于给出的冷却剂硼浓度的调节偏差,控制棒束有一个调节范围,或叫操作范围。在 A 控制模式运行的压水堆中,调节棒束分为 A、B、C、D 四组,如图 9.15 所示。它们依次移动并有一定的重叠区段,如图 9.16 所示。主调节棒组 D 的移动保证了反应堆功率从 0 至 $100\%P_n$ 的调节。

提升极限是根据调节棒组微分效率的降低而定的,当调节棒组超过提升极限时,它就失去了快速改变堆反应性的能力;插入极限则根据紧急停堆时,调节棒组所能保持的最大积分效率来确定。在正常运行时,不管反应堆的功率多大,调节棒组总是处在调节范围内的最高位置,以保持反应堆轴向偏差 AO 的理想值。操作范围对应于调节棒组 D 的移动,只在负荷增加或降低时使用,如图 9.17 所示。

2. A 模式的运行限制

A 模式的允许运行范围即运行梯形如图 9.18 所示。按照这个运行梯形,可以确定实用的运行规则。

(1)反应堆运行功率 $P>87\%P_n$。

在恒定轴向偏移控制方式运行时,应维持轴向功率偏差 ΔI 在 $\Delta I_{ref} \pm 5\%$ 运行带内。如超过这个运行带,则应限制超出运行带的时间,要求在升功率 12h 内超出

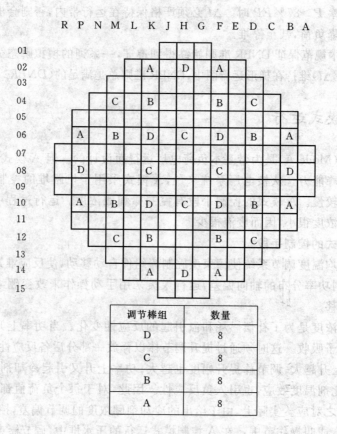

图 9.15 A 模式调节棒组布置

调节棒组	数量
D	8
C	8
B	8
A	8

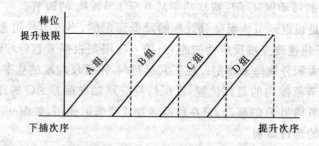

图 9.16 A 模式调节棒组重叠程序

的时间不大于 1h,否则将因氙振荡不可能有效地将堆功率提升到额定值;如果在最近的 12h 内超出运行带 1h,则应将功率降到 $87\%P_n$,并使 ΔI 保持在正常运行梯形内。

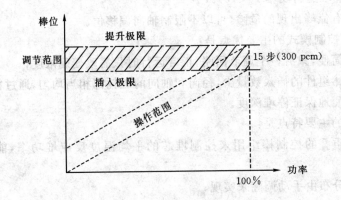

图 9.17　调节棒组 D 的操作范围

在额定功率正常运行时,通常 ΔI 位于 $\Delta I_{ref} \pm 5\%$ 带状区域内,这时,如反应堆不在氙平衡状态,反应性将是变化的。为了维持冷却剂平均温度于整定值,调节棒组将在堆内移动,ΔI 相应变化,调节棒组插入,ΔI 向负值方向移动;调节棒组提升,ΔI 向正值方向移动。

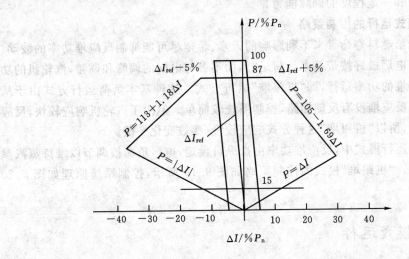

图 9.18　A 模式运行梯形

(2) 反应堆运行功率在 $15\% P_n$

工作点 $(\Delta I, P)$ 可以在梯形图内任一点,如工作点接近于梯形腰边界,则应降低反应堆运行功率。

（3）反应堆运行功率 $P<15\%P_n$

由于没有氙峰出现的危险，可以不限制轴向偏移值。

应用 A 控制模式的主要优点是：

①运行简便，只有一个调节回路，正常运行时只需改变硼浓度；

②控制棒组件的插入数量少，径向和轴向的燃耗都相当均匀，通过标准的操作程序可极方便地保证停堆深度。

A 模式的主要特点是：

①四个重叠的控制棒组用来控制堆芯的平均温度反应堆功率，能实现自动控制；

②功率分布由手动调硼来实现；

③硼浓度的反应性效应很慢；上充流量的最大值限制了硼稀释的速率，尤其是在高燃耗、硼浓度很低时更是如此，限制了功率提升能力。

④由于控制棒组件总是插入不深，限制了迅速提升功率的能力。尤其在低功率运行时，当要求功率快速提升时，在硼浓度稀释之前控制棒有完全抽出堆芯的危险。因此，必须放慢提升功率的速度，使功率增加和硼稀释能力相匹配。

A 模式是为带基本负荷的 PWR 核电厂设计的，运行经验表明，具有一定的负荷跟踪能力和一定程度的调频能力。

3. A 模式运行的控制策略

为减少给燃料寿命带来不利影响的因素，希望尽可能抑制反应堆功率的波动，这意味着核电厂最好按带基本负荷运行，而不参与电网的调峰和调频，汽轮机的功率跟随反应堆的功率运行，即"机跟堆"运行方式。这种基本负荷运行方式由于从电力系统向反应堆没有反馈回路，控制系统较简单。但由于汽轮机响应较快，反应堆响应较慢，所以"机跟堆"这种方式响应较慢，参数变化平缓。

在这种运行模式中，反应堆功率由操纵员设定，电厂负荷被调节以维持蒸汽参数（如压力）。"机跟堆"模式的控制策略如图 9.19 所示，控制系统原理如图 9.20 所示。

9.8　G 模式运行

G 模式是 Framatome 研制的具有更大运行灵活性，能实现负荷跟踪运行的模式，是现在商用 PWR 核电站所采用的运行模式。控制手段除采用黑棒和硼浓度外，还引入了灰棒组。G 模式采用了"堆跟机"的控制策略，负荷跟踪能力（功率改变范围和速度）有了很大改善，但运行中硼浓度变化较大，会产生较多废液。

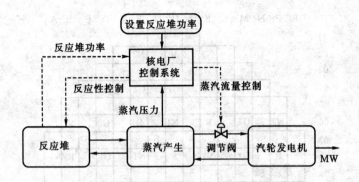

图 9.19 "机跟堆"模式的控制系统简图

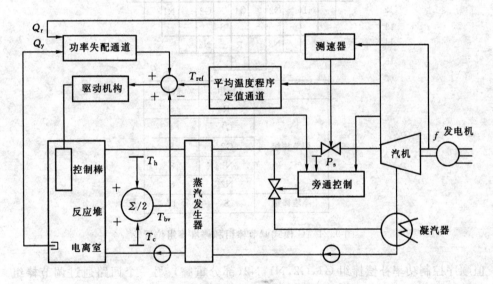

图 9.20 A 模式的功率(平均温度)控制系统原理图

1.G 模式控制手段

G 模式调节棒组件分为四组(G1,G2,N1,N2)重叠工作,其中 G1 和 G2 叫灰棒组;N1 和 N2 叫黑棒组,还有一组 R 黑棒组。

控制棒组件中的灰棒束由 8 根 Ag - In - Cd 吸收棒和 16 根钢棒组成;黑棒束由 24 根 Ag - In - Cd 棒组成。灰棒组又有两组,G1 组由 4 束灰棒组成,G2 组由 8 束灰棒组成。黑棒束分为 N1,N2 两组,各有 8 束。灰棒组 G1,G2 的布置应使反应堆径向功率畸形最小,G 模式棒束的布置如图 9.21 所示。

G 模式有 2 个调节回路,一个为开环调节回路,它跟随汽轮发电机组功率整定

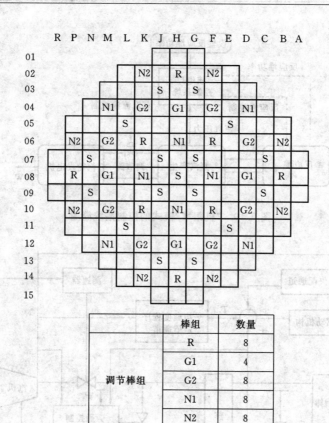

	棒组	数量
	R	8
	G1	4
调节棒组	G2	8
	N1	8
	N2	8
停堆棒组	S	17

图 9.21　G 模式调节棒组和停堆棒组位置

值顺序控制功率补偿棒组 G1,G2,N1,N2(部分重叠);另一个回路通过调节棒组(R 棒组)来实现平均温度调节。

　　在 G 模式运行方式下,功率反应性效应由调节棒补偿。为减小调节棒移动对功率分布的扰动,采用低反应性价值灰棒 G1,G2 来调节轴向功率分布,并与 N1 和 N2 以最佳重叠方式在堆芯移动。

　　为了任何时候都能用灰棒改变堆功率,尤其是非计划地从低功率升至额定功率,灰棒的位置与功率水平成一一对应关系。利用独立的 R 组件来调节冷却剂平均温度。若灰棒效应受其移动速度限制而不能及时地进行控制时,R 棒可临时辅助灰棒控制。但 R 棒只限于在堆顶的一个调节带内移动,若超过调节带,通过调硼将其赶回调节带内。这样 R 棒移动时,它对轴向功率分布不会产生任何明显的不良影响。

2. G 模式的运行限制

根据 $F_q^T - AO$ 关系，为了遵守与失水事故有关的准则，必须限制负端的 AO，这个限值在转换到为 $P - \Delta I$ 曲线后就确定了负端 ΔI 允许运行区域的边界，超过这个边界运行功率自动下降。考虑到正端 ΔI 功率偏差是严重的轴向氙振荡的潜在根源，为了限制正端 ΔI，把 G 模式允许运行范围以 $\Delta I_{ref} + 5\%$ 为正端边界，如图 9.22 所示。

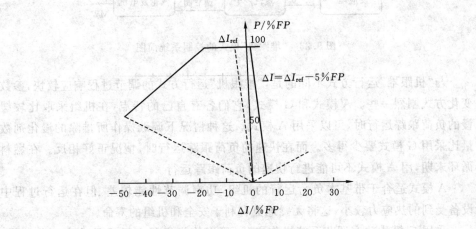

图 9.22　G 模式运行梯形图

根据核电厂 G 模式运行模式的 $F_q^T - AO$ 斑点图，作出包络线，就可得到具体核电厂的运行梯形图。

G 模式的主要特点如下。

①硼的反应性效应很慢，硼稀释只用于补偿燃耗和氙毒的反应性效应；功率变化的反应性快效应完全由控制棒补偿。

②为了减少对功率分布的扰动，引入灰棒组 G1，G2，N1，N2，其中，N1，N2 为黑棒，负反应变化范围为 400～1000pcm，按最佳重叠方式插入；由于灰棒降低了对轴向功率分布的影响，易于控制轴向功率偏移。

③利用独立的控制棒组 R 控制平均温度，控制堆芯反应性；R 棒组具有高的反应性，约 1100pcm；R 组棒被限制在堆芯顶部的机动带上，使用时对轴向功率分布不产生任何不利的影响。

④G 棒组采用开环控制；R 棒组采用闭环控制。

3. G 模式运行的控制策略

根据设计的需要，要求反应堆适应负荷变化的要求。这是一种"堆跟机"的运行方式。这种自动跟踪负荷的控制方式，具有从电力系统向反应堆自动反馈回路，控制系统较为复杂,其控制原理如图 9.23 所示。

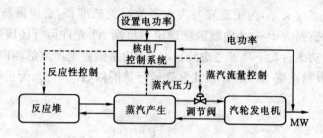

图 9.23 "堆跟机"模式的控制系统简图

与"机跟堆"运行方式不同的是,"堆跟机"运行方式的调节过程响应较快,参数变化方式剧烈一些。A 模式和 G 模式,它们各有自己的特点,在机组采取比较缓慢的负荷跟踪运行时,可以采用 A 模式。这种情况下调硼操作所排除的慢化剂数量比采用 G 模式要少得多。而在快速的负荷跟踪运行时,情况正好相反。在燃料循环末期,用 A 模式不可能进行快速的负荷跟踪运行。

A 模式适合于带基本负荷运行的机组,功率调节性能较差,但在运行过程中设备受到的热应力较小,这将无疑地更有利于安全和机组的寿命。

采用 G 模式功率调节系统操作方式,可以使机组具有灵活的功率调节性能。在任何情况下机组可以参与负荷跟踪和电网调频运行。

9.9 负荷跟踪运行的发展趋势

1. MSHIM 技术

西屋公司分别于 1971 年和 1972 年公布了他们在 PWR 核电厂负荷跟踪运行方面所开展的工作,报告了 A 模式和 B 模式的技术特点,提出了常轴向偏差控制(Const Axial Offset Control,CAOC)方案。B 模式由于存在某些技术缺陷,现已不用。

现在已运行的压水堆核电厂多采用 20 世纪 70 年代开发的常轴向偏移控制(CAOC)方式,即在任何功率水平下保持同样的轴向功率分布形状,也就是以一个恒定的 AO 值作为目标来控制反应堆运行,以保证反应堆的正常运行。但是常轴向偏移控制是偏保守的,在特定条件下放宽常轴向偏移的限制,使电厂在常轴向偏移限制范围以外的一定范围内运行,即采用放宽的轴向偏移控制(Relaxed Axial Offset Control,RAOC)措施,有利于通过减少化学和溶剂控制系统的工作,提高电厂符合跟踪能力,有利于电厂在停堆条件下迅速恢复到功率运行状态。美国

Duke 电力公司在 McGuire 核电厂成功使用了 RAOC 方法。AP1000 在设计中也采用了 RAOC 方案,既考虑了事故分析的安全性,也考虑了实际运行的经济性。

机械补偿(Mechanical Shim,MSHIM)模式是指利用控制棒的机械动作同步完成负荷跟踪过程中的反应性控制和功率分布控制的任务。西屋公司在 20 世纪末期开发出 MSHIM 模式后,AP600,AP1000,System80＋均采用了这种模式,IRIS反应堆也计划采用这种模式。

MSHIM 控制系统包括两组独立的控制棒组。AO 棒组专用于控制堆芯轴向功率分布。AO 棒组具有足够的反应性价值,在所有功率运行范围内,通过棒控系统独立调节 AO 棒,可以保持几乎恒定的轴向偏移。通过合理设计 M 棒组的价值以及重叠效应,则 AO 棒组插入可以保证轴向偏移单调递减。M 棒组用以补偿燃料和可燃毒物的燃耗效应;当反应堆冷却剂温度随功率水平的变化而变化时,M 棒组可以补偿反应性的变化。

BEACON - DMM 用于实时连续监测在 MSHIM 模式下因控制棒插入较深以及快速移动控制棒引起的大幅度功率变化,同样监控控制棒的棒位,从而得到反应堆紧急停堆时可利用的停堆深度。

由于采用了 MSHIM 模式,能够实现不调硼负荷跟踪,可以减少放射性废水的产生,降低运行成本,提高负荷跟踪能力,通过成熟的轴向偏移控制策略确保反应堆的安全。

AP1000 的负荷跟踪运行特点如下。

①由于不调硼,功率调节运行实现了全自动化。负荷跟踪运行能力可达到循环寿期的 95％以上。

②负荷跟踪运行仅由机械装置完成,使硼的调节量大大减少,因而大大减少了日常排污量。

③旋转备用能力为,在短时间内,通过目标轴向变差的临时改变,功率水平可达到(从 $50\%FP$)$90\%FP$,1 小时后,功率水平达到 100%。在大多情况下,这种变化只要不到 2 小时就可以做到。

④AP1000 的堆芯控制策略是,使用了 69 个 RCCA;M 棒束包括 6 组,MA 到 MD 中使用了 16 个低价值的灰棒组件,M1 和 M2 中使用了 12 个较高价值的黑棒组件。AO 棒组由 9 个黑棒组件构成,有相对高的价值。

M 棒组和 AO 棒组这样的安排,使得功率水平调整时减少对功率分布的影响,功率分布调整时减少对功率水平的影响,即实现了物理解耦,有利于控制系统的设计和控制性能提高。

功率水平控制系统和 AO 控制系统是完全独立的两个系统。

硼浓度是按栏序来变化的,大约每 7 天调整 1 次;在硼浓度不变的区间内,

MA+MB棒组插入堆芯,用来替代硼的作用,实现了不调硼,但带来的问题是控制棒组件抗辐照性能和使用寿命的提高。

2. T 模式技术

该控制模式是建立在如下 3 个闭环调节的基础上的。

①主回路的平均温度调节,以便根据汽轮机的负荷变化调节反应堆功率水平(如同在目前的反应堆运行的情况那样)。

②轴向功率分布的控制,以避免功率峰值和氙的轴向振荡(用控制棒束调节)。温度调节对于轴向功率分布调节保持享有优先权,只有在主回路的温度保持在它的死区范围内时,功率的轴向分布调节才可以进行。

③通过加硼稀释的自动装置实现对控制棒组件位置的控制,以保持停堆裕度。控制棒组应该足够深地插入以保持功率的不足,从而可以在需要时迅速地恢复功率水平。

T 模式下的核电机组实施负荷调节,主要依赖于反应堆自动控制系统,不需要操纵员手动控制。核电机组实施负荷调节的能力主要体现在,负荷阶段变化,负荷斜率变化,典型的日负荷跟踪,一次调频和二次调频,I 类工况 DNB 的裕量也明显影响机组的负荷调节能力。EPR 采用了这种运行模式。

EPR 的负荷跟踪运行特点是:

①堆芯的反应性是通过棒束(控制棒和停堆棒)和可溶硼来控制的;

②采用一体化的可燃毒物芯块(UO_2/Gd_2O_3 的混合氧化物),可以限制可溶硼的浓度,从而也限制了功率峰值。

③T 模式有 3 个主要的自动控制回路,即平均温度控制系统、AO 控制系统和棒位控制系统;控制作用是由 P 棒束、H 棒束运动和硼控系统来实现的。

主回路的平均温度调节,以避免功率峰值和氙的轴向振荡(用控制棒束调节)。温度调节对于轴向控制功率分布调节保持享有优先权,只有在主回路的温度保持在它的死区范围内时,功率的轴向分布调节才可以进行;通过加硼稀释的自动装置实现对控制棒组件位置的控制,以保持停堆裕度。控制棒组应该足够深地插入以补偿功率的不足,从而可以在需要时迅速地恢复功率水平。

参考文献

1. 郑福裕.压水堆核电厂运行物理导论[M].北京:原子能出版社,2009.
2. 张发邦.核反应堆运行物理[M].北京:原子能出版社,2000.
3. 张少泓,蒋校丰.核反应堆物理基础[M].深圳:中国广东核电集团,2008.
4. 朱继洲.压水堆核电厂的运行(第二版)[M].北京:原子能出版社,2008.
5. 赵福宇.核反应堆动力学[M].西安:西安交通大学出版社,2011.
6. 赵福宇.大型核电堆芯控制策略研究(科研报告)[R].西安:西安交通大学,2011.
7. Karl O. Ott，Robert J. Neuhold 著.核反应堆动力学导论[M].郑福裕,侯凤旺译.北京:原子能出版社,1992.